清华大学出版社

北京

PRODUCT

DESIGN

建筑·设计·民族 教育改革丛书

产品设计优秀学生作品集

蒋鹏 伍稷偲 周莉 范寅寅 江瑜 编著

清华大学出版社

北京

图书在版编目（CIP）数据

产品设计优秀学生作品集 / 蒋鹏等编著. -- 北京 : 清华大学出版社, 2018
（建筑·设计·民族 教育改革丛书）
ISBN 978-7-302-50392-7

Ⅰ.①产… Ⅱ.①蒋… Ⅲ.①产品设计－作品集－中国－现代 Ⅳ.①TB472

中国版本图书馆CIP数据核字(2018)第123849号

责任编辑：刘一琳
装帧设计：陈国熙
责任校对：赵丽敏
责任印制：李红英

出版发行：清华大学出版社
　　　　　网　址：http://www.tup.com.cn，http://www.wqbook.com
　　　　　地　址：北京清华大学学研大厦 A 座　　邮　编：100084
　　　　　社 总 机：010-62770175　　　　　　　邮　购：010-62786544
　　　　　投稿与读者服务：010-62776969，c-service@tup.tsinghua.edu.cn
　　　　　质量反馈：010-62772015，zhiliang@tup.tsinghua.edu.cn
印 装 者：北京亿浓世纪彩色印刷有限公司
经　　销：全国新华书店
开　　本：210mm×285mm　　　　印　张：10.25　　字　数：120 千字
版　　次：2018 年 9 月第 1 版　　印　次：2018 年 9 月第 1 次印刷
定　　价：58.00 元

产品编号：078825-01

前言
PREFACE

  产品设计专业是我们学院新办的专业。新到什么程度呢？新到它甚至还没有第一届毕业生。就是这样一个办学时间不到四年的专业，今天呈现出这样一本高质量的作品集，从事高等教育的同行们必定能体会到办学者为新专业的人才培养付出的心血。

  产品设计的师生们充满了对这个比拼创意的专业的热爱。教师们怀着对传统教育模式的批评精神努力创新，秉承基于"文化自信"的新型文创设计人才培养理念，向学生传授该行业需要的知识，提高学生的实践能力，扎实准备好每门专业课程，学生们因在每门课程中收获满满而越发投入。教学相长，形成良好的互动。

  祝福产品设计专业的教师们积累更多优秀的教学成果，也祝福新专业的毕业生们前程似锦！

麦贤敏

西南民族大学城市规划与建筑学院副院长

2017 年 12 月

目录
CONTENTS

01

教改论文
TEACHING REFORM PAPER

民族类综合性大学产品设计学科专业化办学的思考

西南民族大学城市规划与建筑学院 产品设计系 蒋鹏

摘要：在这个产品形态多元化的时代，作为工业设计、计算机软件科学与艺术设计的交叉学科，产品设计迎来了最广阔的发展空间。以苹果为代表的新型电子产品——交互式产品的爆发，数年内迅速完成从草创到辉煌的大疆飞行器……明星产品辈出，产品设计学科迎来了最好的时代。同时，在以阿里巴巴 AI 设计软件"鲁班"为代表的人工智能技术面前，传统设计也面临最严峻的知识与技术迭代。在"中国制造2025"和"双创"等一系列政策的语境中，迎接工业 4.0 时代的挑战，探寻产品设计学科在民族类综合大学专业化办学、发展的途径，着眼于社会发展的现实，立足于教学机构本质，在有限的资源中完成专业化办学的目标，是本文的目的。

关键词：产品设计 民族类 综合大学 专业化办学

引言

在中国制造业规模和能力已经成为世界第一的形势下，提升产品的创新能力，是决定我国制造业实现跨越式发展的关键，具有广阔内涵与外延的产品设计学科发展，也成为"中国制造2025"的关键。国家"双创"等系列政策的推行，顶层设计所指，市场发展所向，让产品设计似乎迎来了最好的春天。新产品开发针对用户需求进行了深度挖掘，寻求实现创意的新原理及与之相应的新结构，符合个性化定制的新要求，也对产品设计学科的办学提出了更高的要求。

面对八大美院，以及老牌设计强校，后起的民族类综合大学怎样将产品设计学科的办学专业化，是首要难题。之所以强调专业化，是因为部分综合类院校产品设计学科存在实践性较差，教学内容简单化、陈旧化的倾向。本文试图指出办学的瓶颈，直面问题，并尝试找出解决方案。

一、挑战与问题

刚刚落幕的2017"双十一"，在一系列炫目的商业数据背后，阿里巴巴的AI人工智能设计软件"鲁班"，让设计师感到了前所未有的压力。作为"宇宙级"的电商平台，2016"双十一"海报有1.7亿张，看似简单的海报，以每张20分钟计，一位设计师不吃不喝，需要9000年才能制作完成。2017年的海报量达到人工不可能完成的4亿张，阿里巴巴用迭代的"鲁班"软件完成了这项工作。

作为Banner设计软件，"鲁班"软件的成熟体现在两个方面：①解决数据自动识别、输入的问题；②按照人的评分，自学"审美"规则，自行优化设计。"鲁班"软件的成熟，将开启淘汰"美工"序幕，意味着传统设计的培养方式如不迭代、进化，将被淘汰。另一方面，真正的复杂设计，人工智能还远不能代替人的智性创造，这也是以产品设计为代表的新型学科人才培养的机遇与空间。

二、实践与开门办学

产品设计是直指实践的学科，不

光要求创意、图纸绘制，还要求做出原型产品，对设计者的综合知识储备、技能都要求甚高。产品设计专业的学生需要熟练掌握的软件就有十余种之多。类似"平面设计"这类重要的设计基础课程，在学分、学时压缩的背景下，也只有与其他设计课合并，难免造成学生设计基础薄弱。产品设计涵盖面广，从产品外观到交互界面，从文创研发到公共设施；从创意、设计到制作原型产品，而具备艺术、设计和工业设计、计算机等知识的师资匮乏，是永远的难题。系统设计与动手实践能力结合的复合型要求，往往导致实践课程脱离产品设计的科学、理性的范畴，沦为手工游戏式的简单体验。这些都造成了毕业生在就业市场浪费本属于自己的职场空间，满足不了就业市场的需要。

正因为产品设计学科的综合性与复杂性，任何学校都不可能拥有所有资源，所以面向市场，开门办学，是成本最小的扩大教育资源的途径。开门办学，不光是学校之间的学术交流，更包括设计、生产实践一线的资源反哺，行业一线实践型专家的讲座、授课是一种形式，校企合作更是解决实践问题的捷径。事实上，较之于学校对企业的帮助，企业为学校提供的实践平台和对学校教学的输入使学校收益更大。

开放基础技能性课程，限制对外聘教师的学历、职称，以合理的教学费用保证技术人才进课堂，是解决技术类课程师资的有效办法，专任教师队伍往往能胜任设计课程，但某些技能性较强的课程，如木工、金工，唯有技师才能熟练演示，支付与市场接轨的课时费用，才能将某些稀缺技能带入课堂。

三、学生选拔途径与课程改良

由于种种原因，艺术生专业选拔的方式，由艺术联考代替艺术校考，随之而来的是学生专业素质下滑。专业素质整体下滑的结果，不光提高了教学难度，而且在严苛的专业要求面前，不少学生产生学习挫败感，丧失学习热情。在招生环节招入专业水平更佳、对专业更有热情的学生，是顺利教学的第一步。

专业课前置，公共必修课后置，看似"朝三暮四，暮四朝三"的课程先后顺序，实质上是学生对专业兴奋点提前启动的重要因素。大部分学校的教学安排，一、二年级难以在有限的课时总量中开设充足的专业课，只能完成专业基础及部分软件课程；而一旦错过二年级，三年级学生将面临倦怠期，对所学专业热情消退、大学时光过半却不能真正进入专业设计领域的困扰，负面效应叠加的结果往往就是放弃专业上的追求。

本专业采取了一系列的解决办法，低年级阶段尽量将专业课前置，在假期开展专业认知实习课程，专业教师充当啦啦队与吹鼓手角色，也可以督促、引导学生提前进入专业预热——即设计类、软件类课程尚未开始时，通过各种方式激励学生在低年级开展专业自学，当专业课程开课时，大部分同学已完成基础软件学习，教师可以直接教授高级别的专业内容。事实表明，专业教师的引导与督促，专业领先的学生能起到"鲶鱼效应"，让更多的同学产生比较、竞技心理，调动了学生的学习能动性。部分较优秀的学生牺牲寒暑假的时间，全年坚持自学。

四、专业化的教师考核评价体系

设计学科专业教师的"专业化"，不光指作为教师职业，更是指设计实践者的能力。实践是检验真理的唯一标准，艺术与设计学科都是实践型学科，实践才是这些领域的研究核心。换言之，科学研究必须引领课堂，但实践类学科的研究形式、成果表现是不同的。事实证明，靠教师论文、课题教学，学生得到的是教师传授的二手、三手经验，难以面对就业市场的竞争。当学生接触市场，面对现实的对比，自然让学生与用人单位对培养学校有别样的认识，产生二次否定；只强调理论化研究的各类课题申报，将使实践学科缺失实践，本该引领瞬息万变的产品设计务实学科，变成了落后市场与时代的故纸堆。

产品设计与艺术设计类等实践、应用型学科具有一样的特点：设计实践是最好的科研。换言之，化学、物理实验是科研，给小白鼠做生化试验是科研，设计实务也是科研，在概念设计基础上，做出产品原型，是最宝贵的科研结晶。在智造业升级、工业4.0柔性、定制化制造的背景下，实践性极强的产品设计学科办学，是难以靠短、频、快的科研项目申报、结题，以及快速论文发表，得到事实的提升与学生在就业市场获得认同与尊重。

强调实践，不是指将教学变成蓝翔技校式的技能传授，而是杜绝削足适履，避免用单一学科科研标准衡量完全不同的学科；是指不能将设计类学科科研异化为文本的自娱，完成一番逻辑自洽和空洞言语之后不能落地，而被真正践行的产品制造业所诟病。

产品设计学科实事求是的考核评价体系，应该包含什么内容？包括原型产品的实现、大量学科竞赛的获奖、专利的获得、产学研一体化办学的实效。专业化的评价体系，会使教师自我知识迭代、更新速度加快，教学质量与学生专业水平大幅提高，通过竞赛、专业成果展示汇报，以实践为核心，实践与理论研究结合为导向，确立专业化办学新高度。按本学科规律，科学考核评价教师，会提升已有师资专业水平，促进学生专业水平的大进步，优良的就业率将成为无为之为。

五、民族特色、地域化与办学特色的辩证关系

我们民族院校产品设计的办学特色到底是什么？一般联想到的回答是——民族特色，或者加上一个领域：文创设计。办学特色与方向属于学校、学院层面的顶层设计，不在此讨论。由具体课程组成的具体办学走向，可以从需求侧而不是供给侧分析得出。

本校产品设计生源，大约1/6为少数民族学生，且多数来自于北方省份，边远地区的少数民族学生几乎没有。结合学生毕业后的地区去向意愿，回原籍的占一半，选择继续深造、去北上广等大城市、留在成都本地的占一半。成都产品设计人才市场需求为文创、家具，以及多样化的小型产品设计，而学生原籍不可知的产业情况和北上广产品设计方向的多样性，决定了办学必须从本地产业出发，通过本地资源，通过实践，使学生得到设计锻炼，夯实设计基础能力；设计课程迭代需要面向智能化、定制化的产品发展趋势，数字化设计与动手能力并举，培养新型的设计人才。夯实设计基础，是指学生拥有扎实的手绘与计算机设计能力，以及创新思维的能力。人的学习具有阶段性，学生时代专业性的坚实基础是毕业后职场生涯平稳发展的保证，并不需要、也难以保证学生毕业即成为特定领域经验丰富的成熟设计师。

新办产品设计专业的成长期中，特色过于单一、明确，在就业市场未必是好事，某些"高、大、上"的设计领域（比如航天器、交通工具），未必有持续的用人市场；一旦锁定某个单一行业为办学方向，产业走向的宏观变化，将让办学产生"三十年河西"境况。这种矛盾，是由产品设计广义的涵盖和狭义的具体办学内容决定的。

结语

工业4.0的愿景中，大部分制造业将被3D打印技术代替，现在的制造业公司将转变为未来的产品设计公司——完成核心产品的设计及系列服务，生产交由打印机完成。个性化、模块化、系统化的智能设计，将成为行业需求的主流。从美术院校工业造型演变而来的产品设计，从外观设计走向产品系统化设计的广阔概念，这一切对教师的知识结构、教学方法都提出了巨大的挑战。这种挑战，不是MOOC等新型课堂带来的，而是传统教学法、评价体系的失效带来的。传统的感性艺术化教学模式，剪刀加浆糊的外观设计方法，简单的手工游戏式体验，脱离技术与实践的文本式研究方法，都将在市场剧烈竞争带来的学科升级中沦为过时的自娱自乐。即使是非物质文化遗产，也必须面对产品升级与形态转变，否则只能成为博物馆里的展品。

由此可见，学生扎实的基础设计能力是根基，面向工业4.0的个性化、模块化、系统化智能设计是方向，STEAM教学法与师徒式的工作室是途径，在这些基础之上，在某些的产品设计个案中兼顾民族性，也许是民族类综合院校产品设计办学的一些方法。

本文为2017年国家民委人文社会科学重点研究基地——中国西南少数民族研究中心资助项目"乌蒙山片区少数民族非物质文化遗产产品创新实践研究"（XNYJY1710）的中期成果。

产品设计基础教学方法的迭代

西南民族大学城市规划与建筑学院　产品设计系　**蒋鹏**

西南民族大学城市规划与建筑学院　环境艺术设计系　**王海东**

摘要：在数字化、信息化时代，产品形态发生巨大改变，设计流程、表达方式也有很大改变，课程与时俱进完成迭代势在必行，其中也包括基础课教学方法。本文将立足于产品设计学科特点，探讨基础课程的改革方向。

关键词：产品设计　基础教学　方法

一、迭代的必要性

基础课，是设计学科重要的核心课程，是大学生从艺术类考生到专业化准设计师过渡的重要"纽带"。基础课改革的目的，是将"基础"从技巧和认知的局限中，扩展到训练学生发现问题、分析问题、归纳问题，以及联想、创造和评价的能力；运用"眼+手+脑+心"综合能力的践行来理解"造型"和"美"，是"材性、构性、型性"和"工艺性"（制造性）乃至"人的本质对应性"（使用性）的整合。

数字化、信息化时代，新型产品的形态已经摆脱实物的物理存在，体验、使用方式发生巨大改变，数字化的设计流程、表达方式，必然要求教学方式随之一同改变，基础课程也需与时俱进完成迭代。面向数字化与精致设计，是基础课程的改革方向之一。

产品设计边缘学科的特性，决定了基础课不光是素描、三大构成及软件课，还包括测量等基础践行方法，将基础技能植入基础课，变单一课程为复合课程，也是解决学分学时缩减的方法之一。

二、造型训练方法的迭代

造型训练，包括以设计素描、设计表达为核心的空间、形态、构造认知、设计表现课程等，目前均以手绘为主。这类课程强调眼、手、脑协调，由再现所看到的，到呈现所想到的，是培养学生完成产品设计工作的重要基础能力课程。

传统产品设计学科的设计素描，分为两种教学法递进：第一种是偏向艺术设计的训练方式，由经典结构素描方式完成形态再现，再在客观物理形态基础上进行解构、联想，并将想象用图式表达出来；第二种是偏向机械设计、工业设计的训练方式，在结构素描后转向无透视的多视角炸开图训练。而设计表达课程，着重通过纸面的手绘，解决设计意图呈现问题，也就是快题设计的基础训练。

产品设计的结构素描，应当是去光影关系的，直面结构本身，剥茧抽丝，在理性中解构物体，解决材质组合、开合结构的理解问题。紧接着，通过炸开图训练，强化理性逻辑思考和表达的能力。炸开图训练，是艺术类学生建构理性思维的重要途径。艺术类高考的选拔方式，奠定了艺术式感性思维的基础，可以活跃学生感性思维，但天马行空的想法往往无法落地，特别是产品设计涉及抽象创想到具体物化的方法，炸开图训练尤为重要。

在数字化设计趋势中，设计过程、呈现都转化为人机互动，让学生适应计算机设计，可以从造型训练基础做起。设计素描、设计表达课程的后阶段，可以将造型训练转移到sketchbook pro等图像软件中，同时解决学生的设计表达及软件使用问题。

传统、经典的设计表达课程，最常见的是用马克笔等材料在纸面上绘制的练习。坚持手绘技能表达形体想象训练的同时，提升学生的方案表达能力，是教学改革的另一个方向。平面构成、版式设计都可以在此阶段植入，引导学生用手绘及数字化的手段完成。

三、精绘

艺术与设计学科中，造型能力是践行者最重要的能力之一，特别是非专业院校的生源，仅靠第一学期的素描，完全不能支撑后期的设计意图表达，所以精绘课程尤为重要。

产品设计的精绘，与绘画专业的精绘不同，课程目的不是如照片般还原真实世界，而是通过对复杂型体的放大、精细描绘，强化学生对形态、构成、组合方式以及关键连接结构的深入理解，格物致知，从外观到内部结构，深入了解产品构成，帮助学生在将来的设计实务中，完成外观以内的深层次设计。

现代的产品设计工作，大部分是在计算机阶段完成的，产品设计的精绘课程，必须在人机交互中完成，学生用手

写板在图形软件中完成绘制，作品完成之时，即是学生掌握、熟悉软件之日。

四、三大构成与软件的融合

产品形态的多样化和多种技术的综合运用，决定了产品设计是外延广阔的学科。在学分总量减少的背景下，课程融合的同时，需要完成课程内容革新的工作。

设计学科三大基础课程——平面构成、色彩构成、立体构成，承载着设计学科基础认知的培养过程，在低年级阶段占有较大的课时量；而Adobe Photoshop、Illustrator和Rhino等软件，是产品设计专业学生必须学习的行业基础软件。与设计表达课程类似，软件课程和三大构成可以进行整合：平面构成与Illustrator、色彩构成与Photoshop、立体构成与Rhino。实践是重要的感知学习途径，传统的手绘、手工教学过程须保持在课程总量的一半左右。

五、材料与制作类课程

材料与制作类课程往往是被置于后期的设计类课程，其实属于基础课程，因为产品设计是基于物理材料与技术而达成的，没有材料与制作工艺的基础知

识，设计必然是没有可实施性的。

这类课程常步入一个误区：将作为设计结果而进行的产品制作，当成游戏般的手工体验，学生没有为达成产品结果而设计，而是略过设计流程，直接进行低龄化、非专业化的手工游戏，低层次理解设计到产品的过程。

结语

数字化、信息化时代，产品形态发生巨大改变，非物理存在的数字流、交互体验也成为产品的一种。数字化设计决定了设计流程、表达方式必须有很大改变，产品设计课程必须与时俱进，不断完成迭代。

由于篇幅原因，属于文理基础的设计理论基础课程，在这里未被讨论。在文创设计成为政策力推点的当下，设计理论必须融入文明史与人类学，否则学生没有文化，自然无法完成文创设计，或者只能完成改变外观的低端设计。

由果推因，面向工业4.0及"中国制造2025"的智造业方向，从市场趋势、技术方向，倒推至产品设计课程，包括基础课程教学的方法进化，是学科升级的重要保证。

产品设计专业教学中民族文化元素的值入与构建探析

西南民族大学城市规划与建筑学院　产品设计系　周莉
西南民族大学城市规划与建筑学院　视觉传达系　曾俊华

摘要：民族文化是一个民族的根，我国的民族文化是先人几千年的智慧结晶，是民族生存、延续、发展的重要支柱。在现代产品设计专业教学中植入与构建民族文化元素是十分必要的，它着重培养学生对民族文化的传承与创新，通过对民族传统文化的提炼能力、形象思维能力和创新设计能力的培养，提高自己的文化内涵和艺术底蕴。"我国民族文化艺术博大精深，丰富多彩，不同民族、不同地域的民族文化带各有特点，经过长期的相互交流、借鉴、吸收，既渐趋融合，又保持各自的特色，这样求同存异又兼收并蓄的民族文化是取之不尽的设计灵感源泉。"在现代产品设计教学中，挖掘民族文化并做更为深层次的探索与研究，从而赋予产品更多的民族精神和历史文脉，是让中国设计产品在全球市场竞争上处于不败之地的有力保障。我校是民族院校，产品设计专业更应根植于民族文化内涵，体现其民族院校的产品专业特征，在产品设计中植入与构建民族传统文化，不仅有利于增加产品设计的独特性、提高产品的附加值，更能传承创新民族文化，进一步地加强各民族的交流，使民族文化在现代化进程中能实现自我创新。当然产品设计教学一直存在盲目借鉴民族文化元素这一问题，但只要对一种文化做到寻根探源，了解其文化内含，并随着时代的发展和技术的革新，调整教学观念，以传统民族文化在产品创意设计领域中如何更好地实践运用为主旨，都将取得好的效果。在通过对民族文化元素、符号、图形的调查研究，本文以传承和创新民族传统艺术为目的，将产品设计作为艺术内涵的载体，让其与时代、科学相结合，构建新形势下的设计思潮，推动产品设计领域特色发展。

关键词：产品设计　民族文化　构成　植入与构建

我国是一个多民族的国家，各民族的文化艺术博大精深、丰富多彩。在不同的历史时期、不同的地域，不同民族在长期的发展中根据自己独立的生活方式和文化喜恶形成了代表各民族的绚丽多姿、引人入胜的艺术形态。把他们对自然的认知，对万物的崇尚，到人与人的相知，都以图形符号的视觉元素来表达，体现在他们生活的方方面面。比如：民族服饰、生活器具、建筑装饰与图腾崇拜等。这些图形、符号、元素有的热烈奔放，有的神秘古拙、有的精美细致，有的淡雅清新，受到现代人们的喜爱和推崇。民族文化是一个民族区别于其他民族的特征，但在当今社会，面对世界文化的大统一、外国文化的侵入，作为我国本土的设计语言和符号却在慢慢地消失。21世纪的市场竞争是产品设计的竞争，而设计竞争的背后则是文化内涵的较量，我国少数民族文化博大精深，如何将我们的传统少数民族文化植入当前我们的产品设计教学，是提升少数民族艺术文化价值与产品的文化竞争力的关键。曾有人说过"5000年的文化底蕴，使中华民族文化这个大品牌有着永恒的智慧、工艺精湛以及无与伦比的创造力，这一系列富有诱惑力的价值，在现代的中国发展中却有更为深层次的探索与研究，从而赋予产品更多的民族精神和历史文脉，让中国设计产品在全球市场竞争上更多处于不败之地的有力保障"。而我校是民族院校，产品设计专业更应根植于少数民族的文化内涵，体现其民族院校的产品专业特征。我记得有次在和国家文化部文艺部主任李松老师的交谈中，李松老师提出："西南民族大学，民族院校必须要有自己的民族特色和亮点，不然我们的学生毕业后，别人问起，你在民族大学学了什么，有什么样的特色。民族特色至关重要，我们不可以说我们的产品设计只学了包豪斯，学了列宾，那什么是我们自己的特色呢？泱泱大国，5000多年的优秀文化传统……"由此可以看出，上至国家文化部下至教学基层，大力提倡探索与挖掘民族文化特征，融会创新传统民族艺术符号形式、元素在当代产品

设计教学中的植入与重构是非常具有现实意义的。

一、民族文化艺术植入产品设计教学的价值与意义

"随着全世界工业化的发展，产品的批量生产，形成了产品固有的模式。但随着人们物质与精神需求的提高，单一的产品形态早已无法满足人们的需求，而个性化的、独特的产品逐渐得到人们的青睐"。如何让现代产品具有独特的艺术个性呢？目前，随着传统文化的传承、保护发展与创新的提出，产品设计应根植于民族文化，从民族文化中吸收营养。对此在产品设计教学中，民族文化艺术的植入可以为现代产品设计提供新的途径，呈现新的美学价值与意义。

民族文化艺术是几千年来人们智慧的结晶，是对生活、对自然、对天地万物的美好祈愿与向往，他们常常抱着美好的心愿与祝福，寄托于对事物的铸造与装饰上，包含了制作者的个人情感、文化内涵、宗教信仰、生活习俗，从而形成了各种各样独具特色的民族图案、元素、符号，丰富了产品的装饰性、文化符号性与视觉审美特征，是构成我国产品设计独特美学风格的多元艺术表达。今天在面对世界产品国际化的同时，个性化的需求逐渐变成产品设计的主流，从产品设计的教学源头抓起，探索和挖掘我国民族文化艺术美学元素，寻找设计灵感，在产品设计教学中植入

少数民族艺术的图案、花纹、符号、元素以及图形符号的寓意、色彩、制作工艺等，运用现代美学思想的分解、重组与创造，既保有少数民族艺术的传统审美特征和价值，又拓宽现代产品设计的文化内涵与设计思维，从而达到产品设计的个性化表达。所以在教学中植入民族艺术韵味，是现代产品设计教学的一个理念方向，是产品设计发展的需求，也是保护和传承传统文化的需求，更是重构当代产品设计独特的审美价值的体现。

二、产品设计教学中民族文化元素植入的方法探索

产品设计的首要任务是解决"人一机一环境一社会"的问题，产品是人在使用的过程中对生活物品的需求，而物包含其本身的形、色、功、用、文化、价值。在产品设计中载入民族文化艺术既能通过产品承载民族文化内涵，传承民族工艺技艺特征，体现其地域特征和时代精神，又能创造产品自身的独特审美与艺术性，产品的价值除本身的造型、功能外，其设计的定位、体现的文化附加值都是缺一不可的。民族文化长期相互交流、融合，是取之不尽、用之不竭的产品设计灵感源泉。

1. 民族文化元素的提取与植入研究

民族文化元素是一种富有生命力的艺术，一方面来源于自然物质世界，另

一方面源于精神世界,两者相辅相成,把对美好幸福生活的愿望和祝福描述于艺术品中。今天,我们在教学中注重对少数民族文化艺术的寻根探源,从它的方方面面进行图形、符号、元素的提炼与重创探索。

首先是对民族图形纹样的提炼。图形纹样是民族艺术最丰富的艺术形态,种类繁多,变化万千,每个民族又都有着自身的特征,我们可以分门别类地进行整理归纳或数字化集合。在纹样归类中可分为植物、动物、花鸟、文字、几何、综合纹样等。从这些系列纹样的表达中了解人们对自然山川的热爱与崇拜,对生活生命的感恩与回馈,以及对美好和自由的追求和向往。羌族刺绣的团花纹样中表达了羌族人们对于幸福、圆满生活的向往与祈盼,羌民族是一个多灾多难的民族,他们向往和平、团圆,所以他们的民族图形纹样多以团花为主,表现了羌族历史发展的曲折和艰辛,同时它们也被赋予了特定的历史文化内涵和形式美感。通过对不同民族的图形纹样的提炼与整理,明白其文化寓意、象征形式、抽象表达方式,在我们的产品设计中,我们可以根据其形会意,传神地再现传统少数民族文化艺术的精髓,开创一种会意传神地再创艺术表达形式,而不是简单地将民族图案在现代产品中复制粘贴。现如今在很多的文创产品和旅游产品设计中,设计师运用得最多的方法就是把某一种文化图形符号粗暴地强加于某一产品,复制与粘

贴。中国文化讲究"意,气,神",我们提炼的是民族文化的意,表达的现代产品的气,使用的是产品带给我们的神采。所以在传统民族图形纹样的提炼与植入现代产品设计的过程中,一定要注重图形的再创过程,将图形纹样打散、变形,让重构的现代设计理念融入,既尊重传统纹样的构成形式美感,但又不失有新的律动、破坏与失衡。很多时候,在现代设计中可以灵活多变,让既有的图形重新散发时代的光彩。

其次是对民族文化、生活、习俗的提炼与植入研究。在传统民族的文化与习俗中有很多的传说、故事、风俗及人文风情。从观者角度来看,它是生活的再现,但身为艺术设计者,这些生活元素是可以转化、提炼出许多图形、符号和元素的,这些创新图形艺术是区别于其他文化符号的重要亮点。用于现代产品设计可以激发人们对民族神秘文化的好奇,以此来表达出某种意趣、情感和思想。把民族文化元素进行图形化处理并将其与产品设计重构,既能体现民族特征又能形成现代产品设计中特有的艺术表现力。我记得在国家艺术基金项目人才培养中关于羌族民族民间工艺与当代旅游产品设计中有几位高端学员就做得非常好。比如四川美术学院的学员曾思源(图1~图6),从古羌"释比"文化中提取"释比"图形符号,以古羌"释比"神秘悠远的文化蕴涵创造其独特的释比图形艺术符号,用于现代旅游

产品的设计,让消费者喜爱上这种特有的民族符号散发出来的独特艺术魅力。在图形符号设计上,曾思源同学提取了释比人物在不同情景下的生活状态与动态,有释比作法的,有祈福求安的,有驱魔除病的,有纳祥纳福的,结合羌族本身的图腾文化羊、云,通过现代的设计手法表达,让传统文化呈现了新的形式,让人耳目一新,既满足了人们的猎奇心理又满足了人们对产品的个性化需求。在现代教学中,这种产品的创新设计观念是非常值得推介的。

2. 民族艺术色彩的借鉴与植入研究

色彩是少数民族艺术的又一大亮点,它或热情奔放,或张扬激情,或内敛含蓄,或清新淡雅。在现代产品设计中通过对传统民族色彩的借鉴与植入,能提高产品的视觉色彩张力与表现力。"民族艺术色彩丰富,它对人的视觉表达是浓烈的,色彩情感表达是象征的、寓意的,它拓宽了色彩的范畴,在传统色彩的运用中都是人们有感而发,按照自己的审美和经验,大胆用色,充分运用奇妙的色彩语言,描绘出色彩对比强烈、反差大、色调明快的色彩。比如,绿、红的搭配热闹吉祥,幸福美满。粉色的变化,柔美温情,祥和安定,所有的色彩都和谐而统一。"如今在现代产品设计中植入少数民族传统艺术色彩教学可以使产品的色彩更加丰富,布局与表达更富有文化蕴含,充分体现色彩的

图 1

图 2

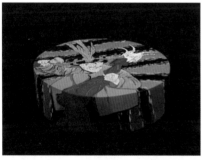

图 3

图 4

图 5

图 6

寓意和象征语言,用传统色彩的简洁、大方、古拙、典雅让当代的产品更富丽、大气和高贵。最初,许多人认为传统色彩是艳丽的、俗气的,势登不了大雅之堂。诚然,那只是过去的认知,如今的产品设计早已不再是低劣、俗气的代言人。通过设计师们的传承与创新散发出灼人的光彩。记得我看过浙江义乌彦子民俗工作室的一套现代家具产品设计,她们运用传统民族图文与色彩的结合表现现代时尚家具,通过民族色彩与现代材质、造型创造出独具风格的新型家具艺术,高端大气而不失民族风采。像这样的创新我们不能简单地把它定位成什么民族的产品创新,这是一个融入多种民族元素、符号、色彩的再造,独具个性的风格与同类产品绝不雷同,让民族色彩实现新的突破。现代设计色彩的运用是一次又一次的突破裂变,融入后找到创新的源泉,加以利用,少数民族色彩的丰富性为我们提供不尽的源泉,只等在现代产品设计教学中作为教学的引导方向加以利用和挖掘。未来产品设计的色彩表达才会将更加引人注目。

三、民族艺术在产品设计中的重构与表达研究

"民族艺术图形、符号、元素在现代产品设计中的重构是传统文化的再设计与再运用,是元素、符号所蕴含的文化精神与现代设计相结合的一种手法,重构的手法多种多样,但追求其形态的升华和精神意义的再现是主旨,将传统民族文化符号的重构与分解,更符合当代的审美,更符合现代产品的极简主义设计观念,也更为协调,在重构中我们应把握好对民族文化的理解和传承,从而引发新的创意融入产品设计的教学理念。"教学中首先利用传统图案的分割形式作极简的表达,体现其现代简约的意韵美。传统图形的表达形式是最为直观的视觉呈现,它们有的纷繁复杂、绚丽多姿,有的简约大方、低调古朴。而现代设计之美在于韵,在于雅,在于简约大气,引人遐想。通过对传统民族文化图形的简化与重组,引入空灵的"意"想,使产品设计中无论是形的"意",还有神的"意"都能有新的简略重构,让产品无论是形还是"意"都可以无限地延伸。从我国现代设计大师

图7

图13

图8

图9　　　　图10　　　　图11

图12

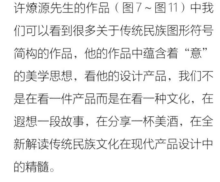

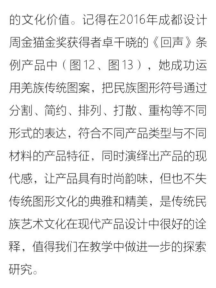

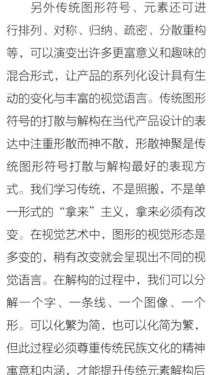

许燎源先生的作品（图7～图11）中我们可以看到很多关于传统民族图形符号简构的作品，他的作品中蕴含着"意"的美学思想，看他的设计产品，我们不是在看一件产品而是在看一种文化，在遐想一段故事，在分享一杯美酒，在全新解读传统民族文化在现代产品设计中的精髓。

另外传统图形符号、元素还可进行排列、对称、归纳、疏密、分散重构等，可以演变出许多更富意义和趣味的混合形式，让产品的系列化设计具有生动的变化与丰富的视觉语言。传统图形符号的打散与解构在当代产品设计的表达中注重形散而神不散，形散神聚是传统图形符号打散与解构最好的表现方式。我们学习传统，不是照搬，不是单一形式的"拿来"主义，拿来必须有改变。在视觉艺术中，图形的视觉形态是多变的，稍有改变就会呈现出不同的视觉语言。在解构的过程中，我们可以分解一个字、一条线、一个图像、一个形。可以化繁为简，也可以化简为繁，但此过程必须尊重传统民族文化的精神寓意和内涵，才能提升传统元素解构后

的文化价值。记得在2016年成都设计周金猫金奖获得者卓千晓的《回声》条例产品中（图12、图13），她成功运用羌族传统图案，把民族图形符号通过分割、简约、排列、打散、重构等不同形式的表达，符合不同产品类型与不同材料的产品特征，同时演绎出产品的现代感，让产品具有时尚韵味，但也不失传统图形文化的典雅和精美，是传统民族艺术文化在现代产品设计中很好的诠释，值得我们在教学中做进一步的探索研究。

结语

产品设计的需求已朝着多元化发展，满足功用的同时也要满足精神的需求，一个时代的产品设计反映一个时代的文化、经济、技术和特点。体现其特征重要的是产品设计观念与思想的创新，作为产品设计教学，新的教学方法与观念才是引导学生前进的必由之路。目前涉及观念的创意融入产品开发，已成为产品开发的核心力量，那么多维的教学创新思想的探索才具有前瞻性。"我国少数民族文化艺术渊源深厚，博

大精深，这种多元的文化艺术传统使我们的产品设计有了更多的营养、更多的选择及更多的发展方向。"在产品设计教学中植入与构建民族文化元素的探索未曾停止过，而传统的民族艺术文化思想在当前设计界的影响却也越加深刻，当今，世界各国都在找寻中国元素、中国文化、中国符号，作为我们本国的产品设计与教学，我们是否更应该复兴中国传统民族文化呢？从而形成"有中国特色的"的设计风格。作为高校教育工作者，我们应当秉承和发展一切优秀的民族文化，使之传承、弘扬、创新和推广，让传统艺术的生命力生生不息，并在当代产品设计与创新中，共荣互生，传统民族艺术已不再是过时的形式而是在新时代的设计浪潮中不断优化与提炼的新艺术形态，只有这样，创新艺术的生命力才能永恒，才能让传统民族艺术符号在当代产品中活态传承，产品设计创新才能更具独特的个性和发展方向。

参考文献：

[1] 魏洁. 包装装潢设计[M]. 北京：中国建筑工业出版社，2011.

[2] 马金金. 产品设计中民族文化元素研究[D]. 武汉：湖北工业大学，2011.

[3] 王勇刚. 产品设计中少数民族构建价值探析[J]. 产品造型. 2010(6).

[4] 李艳，毕壹. 鲁锦在现代产品设计中的应用研究[J]. 设计艺术与理论学术平台.

[5] 吕中意，杨波. 民族文化元素在产品设计中的应用[J]. 包装工程，2015(10).

[6] 任成元.《中国传统民族文化在现代产品创意设计中的运用》IASS. 2011.

产品设计专业的现代构成教学研究

西南民族大学城市规划与建筑学院　产品设计系　周莉
西南民族大学城市规划与建筑学院　视觉传达系　曾俊华

摘要：构成是产品设计专业的造型基础必修课，是引领学生走进设计领域的起点，主要目的是培养学生的抽象思维能力和创新设计能力。目前构成学发展日新月异，在各种设计领域应用广泛，但对于产品设计专业构成教学问题的探讨一直持续，我们知道设计改变了人们的生活和生产方式，特别是在互联网时代，对产品的个性化、定制化的要求，为新时代产品设计教学提出了新的要求。构成是基础课，在这种形势下衍生出了更适应产品艺术设计专业的构成美学，当下由于新材料、新媒介，设计新观念、新思维和教学新模式的发展，传统的构成设计教学体系已不能充分适应现代设计类专业教学所面临的新问题，沿袭多年的构成设计教学体系面临改革和创新的要求。当前随着我国经济水平的不断提高，人们审美能力以及信息技术的提高，各种时尚观念、形式表达语言、新媒介、新材料的出现让构成表达的形式美感不断推陈出新，作为高校教育应紧跟时代的步伐，改变传统教育观念教育方法，本课题研究试图通过产品设计专业构成教学中的实际经验、结合当下产品教育观念、教育方法创新及产品的发展方向，对构成形式美学的教学模式与方法进行研究与探索。

关键词：产品设计 构成 观念 模式

　　构成课程教学是设计专业学生必修的基础课程，"从20世纪30年代德国"包豪斯"设计运动后，由于广州美术学院幸泉华教授介绍到我国，并在中国美术设计院校，引发了一场教学革命。"目前，随着构成课程在各大院校的开设，已在视觉设计教学方面取得了不斐的成绩，它注重培养学生的抽象思维能力和创新设计能力，集理论、实践、创新于一体，全面的拓展学生的视觉图像、符号、元素的意象表达。运用构成的基本原理，点、线、面的各种形式表达方法，通过其节奏的韵律分解、排列、平衡、对比等，把生活中具象形态的语言符号用一种"意象"的或"抽象"的形态给人以视觉美感，引人入胜。在产品专业教学中置入构成课程教学，其目的是通过对图形、文字、符号、元素的提炼，加以实际的运用学科建设，让学生掌握其视觉语言表达的基本法则和视觉形式美感的构成原理，处理好形与形之间，形与物（产品）之间的美学关系，培养学生的抽象与意象表达能力、创新和创造能力及审美能力，以适应产品设计在当代的个性化发展的需求。

　　当代产品设计更加注重"意"的表达，以意的形态引发人们对形、对文化、对理念的多维价值需求。一个直白空洞却无文化内涵价值的产品无法适应当今人们对其产品想象空间的延展。价值观的改变促使产品的个性化需求也发生改变，传统的产品设计理念也应更新。而构成学是其基础中的基础。首先我们的教学模式和方法也应顺其时代特征而变革，然后进一步提高学生的审美能力，使之掌握美的形式法则，创造更新更美的图形符号，完美地呈现其构成形式美在产品设计中的表达。

一、产品设计专业中构成学科课程内容设置的转变

传统的构成学内容主要包含平面构成、色彩构成以及立体构成，在教学过程中往往把三门学科分成一门门独立的学科进行教学。这样拆分非常精准，但却存在一些弊端。上课的教师被分离了，老师之间的教学沟通与系统化的关联也被打破，本来这三门课是各有特点，但又互相关联的，如果真把其分成独立的三门学科，那么学生感受到就是片面的学科知识，这种分离式的教学方法，不利于构成的三种表现形式融会贯通，严重阻碍学生总体把握构成知识。在产品设计中，一件产品设计的好坏与其符号、元素、色彩、空间、体感的构成表达是密不可分的，缺一不可。在构成课程内容的设置过程中，应该把三种构成交织融合，进一步提高理论教学方面的广度与深度，把每一种构成都做有效延伸和拓展，让其相互之间贯通。而老师们之间的教学理念与方法也应做更多的交流与沟通，而不是各司其职，完

成一门学科便不管其他科，造成各构成课之间相互脱节，教学环节应环环相扣，将三门构成学科内容融合教学，才能系统化完成教与学。打破独自为政，单一学科的局限性，引发学生创新思维的发展。而三大构成课的目的是培养学生创新思维能力的多样性及广泛性，在教学内容设置上的这种改变将进一步地推动学生全方位的思维创新，引发多元思考，从而理论联系实践，推动产品设计的创新能力培养，以适应产品设计专业设计需求的发展。

二、教学模式由被动传授转为主动学习

近年来，构成学的教学模式几乎千篇一律，循规蹈矩，主要以教师教、学生学为主导，是一种"灌输式""填鸭式"的教学模式，让整个教学模式趋于古板、传统，在教学行为与观念上都未能很好地创新。构成课程一般开设在大学低年级阶段，学生刚开始进入大学对于大学的学习，都处于一种未知状态，教学模式和引导有什么样的观念与行为将直接影响学生构成艺术观念和形式的表达。改变传统的教学模式是提高教学质量的根本法则，是建立学生良好的艺术观念，形成优良的艺术风格的保证。为此，结合教学实践我们将从以下几个方面来进行探索。

我们知道，现有的传统教学模式中"强迫性""受教式"是根深蒂固的一种观念。作为教师我们把知识点、知

识面，通过说教的形式强迫性地让学生接受理解。我们是把知识点传授了，"这种灌输式的，保姆似的，近乎于求着学生学的方式，是否就取得了好的成果呢？诚然，有，但这种教学模式还有待改进。目前，在教学过程中，我们应当把学生被动接受的学习，改变为主动学习，通过启发性教学与自主学习相结合，增进学生的参与性与动手性，改变原来的被动局面，培养学生的自学能力、动手能力、语言表达能力和创造能力。"提高学生的学习兴趣，积极参与教学实践，这样有利于学生养成独立分析、解决问题的能力，从而激发探究式学习的创新精神。

目前，通过启发性教学与自主学习相结合教学模式已初见成效，例如在创新教学过程中，我们先抛出点的概念启发引导学生对生活中以及大师作品中对于点元素的研究，并分析出其形式美感、构成特征与色彩空间的表达。有的学生表现得非常好，他们从生活中发现点元素的美，感受草间弥生点的抽象美，自主学习以点为元素的产品设计表达的全过程。首先寻找点的来源，点的构成表达参考资料的收集，形式美感表达的方法分析，并采用PPT演示与同学们分享学习感悟、经验总结，把点的具象形态归纳、理解、衍生、其后抽象化及应用表达，一步步思路清晰地整理出来，最后得出自己对点的美学认知，结合自己的想象加以创造，取得了非常好的效果。这样改变了原来教学的教条主

义和僵化、呆板的课堂氛围，让学生化被动为主动地去探究学习，整个教学过程轻松愉快。在这种教学模式中强调了学生综合能力的培养和知识面的开拓以及理解创新和融会贯通的能力。包豪斯时期，康定斯基和伊顿等人就是用这种方法去训练学生的审美造型和创意能力的，所以我们应该好好思考，怎样用更积极和快乐的教学模式变被动学习为自主学习。

三、教学观念，思维的创新与表达

观念与想法是设计最为核心的力量！有什么样的观念就会有什么样的作品。人们常说只有你想不到的，没有你做不到的。但关键是怎样想，这就要求在教学中不断有新观念的注入。构成课是产品设计的基础课，往往开设在大一、大二，这时学生们刚参加完美术高考，还未从传统的具象形态写生的教学思维模式中走出来。而构成学又是一门对意象和抽象形态的美学概论。这就得引导学生从原来的具象思维向抽象思维模式以及观念创新转变。记得在表达构成的节奏与韵律的作业中，有的学生直接给我表现一个具象形态舞蹈动作的人，几条五线谱，几个跳跃的音符，看得我啼笑皆非。这样直白直观的画面，没有任何意境，没有想象的空间，没有图形的形式美感，只有一眼望穿的形；而对于形的提取、归纳、选用、重组、叠加的抽象形态表达，全然未见，可见改变学生的思维观念是多么重要。

首先，在教学中引导学生对大师构成作品的学习和欣赏，是改变和拓展学生的构成表达观念与形成个性化创新表达的有效方法和途径。在对大师作品赏析和研究中，学生可以借鉴大师作品中表现的基本方法、观念等，通过对大师作品的赏析可以大大丰富学生对构成意象和抽象表达的观念语言与技法形式，为创造自己独特的构成视觉表达积淀丰厚的基础。比如波洛克、康定斯基、蒙德里安、米罗等大师，他们的作品里包含了美的形式表达和大师们的美学观念与创新风格，学生通过对大师作品的欣赏可以直观地领悟其构成形态、把握创新的方法。在不断的尝试过程中创新、积淀，从而形成自己构成风格的个性化形态与观念表达。

其次，通过欣赏视频影像和音乐，引导学生对作品中语言、符号、图形的再创。把自己对音乐影像的感受、情绪，用抽象的点、线、面构成元素进行创新表达。"这样的抽象观念导入，形成自由随意的创作氛围，让整个课堂教学独具新意，而学生也因好奇，进一步地引发其探索性。"通过教学模式的探索，可以鼓励学生在生活中发现身边各种意象或抽象的构成元素，并进行归纳整理，完善自己的思维与表达的观念创新。

另外，好的观念和创意还可以通过与其他艺术形态相互融合与跨界来提升。在当代构成表达中只有大量地吸收当代艺术思潮中的创新观念、艺术行为

并进行跨界借鉴与植入，才能给学生一个广阔而丰富的观念、思维与行为空间，为提升构成表达观念革新更广的途径与领域。除构成学本身的形式美感外，在版画、油画、公共艺术设计、建筑设计中都会有涉及构成创意、形态美的形式规律与观念创新。所以在构成表达教学过程中通过多种模式，尽可能地打开学生的眼界，拓展学生的视野，涉足各种形式观念的艺术作品，为以后更多的产品设计课程学习打下坚实的基础。只有领悟到了观念与想法的重要性，学生才能以此为动力，在认知和思维上转变方式、改变观念，教学的创新才能真正落到实处。

四、教学中媒介材料的介入与创新表达

在构成课程教学中，手绘是传统表达的基本形式。在当代艺术语境中各艺术门类的表达形式日新月异、丰富多彩，无论是表达观念、构成形态，还是综合材料运用都发生了翻天覆地的变化，为我们构成艺术表达指引出一种全新的方向。将新材质、新媒体、新科技等的各种表达形式融会贯通，特别是计算机技术的发展，应用软件进行创意构成训练，非常的轻松直观。"对于构成教学来说，懂得各种新媒体、新材料的运用，可以轻松地表达构成中各种质感、肌理，对于产品设计专业来说至关重要，任何一件产品都是靠材料呈现的，了解这种材料的特征与创新方法对

于材料的研究构成的技法表现有一定的拓展作用。"现代媒介与材料多种多样，学生要善于发现，生活中任何元素都可以转化为构成的媒介，比如：树皮的肌理，工地的建筑废材肌理变化，我们平常穿的衣服的肌理，凹凸的大地，坚硬粗糙的石头等。通过拓印、相机拍照、复印、打印。再现其材质特点，进行粘贴、剪裁、重构让学生多次尝试、反复实验，从而了解不同材质媒介之于构成表达语言的丰富性探索，激发学生的创作热情。在媒介技术发达的时代里，教师要带领学生以更新、更广的视野来观察和思考问题，让学生保持一颗敏感的好奇心，通过材料的探寻、运用和创造，激发学生自身的创造力。

结语

面对当前教育教学的创新与发展，无论是教学模式、教学方法、教学观念都必须紧扣产品设计专业的构成教学特色。目前现代产品设计的发展特点与发展方向都在加强构成元素的找寻，找独特的个性文化符号，作为产品专业的构成教学。那么我们教学就不应只是引导学生了解传统构成原理的基本运用和学习，还应改变传统的思维模式，提出新的创新观念，拓展学生视野和眼界，相信生活中的一切元素都是设计的源泉，只要我们用得好都能成为作品，为我们的产品设计注入艺术生命力。如今，时代在发展，科技在进步，产品在创新，基于产品专业的构成学科教学模式方法与手段也应与时俱进，推进新的观念，融入现代产品设计的时代潮流。构成课虽是基础学科，但千里之行始于足下，先进的构成学理念与形式美感的表达将跟随学生的整个设计生涯。所以推进产品专业构成学教学的创新和探索是势在必行，只有这样，我们才能真正培养具有创新能力，能独立思考，有独特审美的学生，这也是开设这门课程的意义所在。

参考文献：

[1] 腾书筠. 高职院校平面构成课程教学模式创新探究[J]. 广西教育. 2014.10.

[2] 林鲲. 艺术设计专业《构成基础》课程教学的改革探索[J]. 考试周刊. 2011(50).

[3] 伍立峰. 设计思维实践[M]. 上海：上海书店出版社，2007.

[4] 陈潇玮.《浅谈构成设计课程的教学创新》艺术与设计检索：http://www.artdesign.org.cn/.

产品调研方法授课心得

西南民族大学城市规划与建筑学院　产品设计系　范寅寅

摘要：产品调研，是产品设计流程中非常重要的环节，调研报告的准确性是产品成功的先决条件。区别于传统调研性课程的教学安排，本课程的教学方式更偏重于设计。课程要求学生以设计为目的制作调研报告，再利用调研报告的结论指导完成设计并拟定销售模式。另一方面，从调研到设计再到模拟销售，整个课程结合设计心理学以及购物学的相关内容进行开展。本文将以产品调研的内容、目的为核心，结合设计心理学以及购物学，详细介绍产品调研方法的课程设置。

关键词：产品调研　设计思维　设计心理学　购物学

绪论

产品调研方法作为产品专业的基础应用课程，课程内容通常是向学生系统的介绍调研方法，指导学生由浅入深完成报告制作，以一份相对完整的调研报告作为结课作业。这样的教学方式可以有效地帮助学生快速入门产品设计，但是对于学生设计思维的培养，并不是最好的途径。无论是绘画课程，还是基础应用课程，甚至是软件课程，教学的最终目标都在于培养学生综合能力，使其能够设计出具有可实施性的优秀作品。因此，产品调研方法即使属于基础课程，也需要以设计作品作为教学成果的体现。在具体的教学内容上，除了结合案例向学生介绍调研步骤及方法以外，更应该回归设计本身，实现设计指导调研，调研作用于设计的动态机制。此外，该课程还需结合设计心理学以及购物学的相关知识，帮助学生确保调研报告的准确性，并了解设计的产品将会被购买、被使用，需要经受市场和用户的考验。以这样的教学框架开展课程，学生经过学习与实践，可以初步构建设计思维。

一、明确产品调研的内容与目的

产品调研作为设计的第一步，首先，应该帮助学生明确两件事：

第一，产品调研与市场调研，内容不同、外延不同；

第二，抛开目的的调研报告不是好报告。

1. 产品调研的内容

产品调研内容可分为两大部分：内部分析与外部分析。

内部分析包含企业文化、企业定位、企业产品特点等。通过对企业文化的分析，可以了解企业的历史沿革，甚至创始人创业阶段的心路历程，从而为日后的产品宣传奠定专属的文化基础，使其更具故事性，达到刺激消费的目的。企业的定位将控制产品的定位，不同定位的产品，受众人群及功能配置也会呈现不同的特征。分析现有企业的产品特点，可以为新开发产品或改良产品提供设计的经验与依据，还可以使各项产品之间更具系统性。

外部分析包含市场、行业、现有产品情况（竞争对手分析）以及目标客户群。市场调研，从宏观的维度，分析政策指向、经济现状以及市场中资源配备等综合情况。行业调研，重在了解行业现状以及发展趋势。现有产品的情况分析，是对于同类别已上市或正在筹备的产品做专项研究，可以从中了解市场对这类产品的反馈以及可能出现的新技术等，取其经验，规避风险，扬长避短，增强产品的核心竞争力。目标客户群，可以从不同性别、年龄、职业等角度进行分析，甚至需要细化到去了解不同性别、年龄、职业在不同时间段、不同场合的不同需求，挖掘隐藏的可能性。对于潜在客户群研究得越深入，产品得到认同的机会也就越大。

在教学过程中，通过对于产品调研内容的具体介绍，可以帮助学生厘清产品调研与市场调研这一对容易混淆的概念，知晓两者的内容与外延皆不同。在一定程度上，产品调研包含市场调研，但产品调研不仅仅是市场调研。

2. 产品调研的目的

学生开展产品调研工作以前，除了调研内容以外，更需要帮助其了解产品调研的目的。以设计为目的产品调研会更具针对性，调研成果也会更具指导意义。

产品调研的目的可分为三个层面：了解现状（统计调研数据），使日后的设计构想有据可依；发现突破口（分析调研结果），这是产品设计灵感与创意的由来；提出解决问题的新方法（利用报告做设计），即产品设计的详细思路。

教学过程中，学生以设计产品为出发点进行产品调研，再根据调研报告的结论开展设计，这样的学习任务安排，使得调研和设计更具连贯性，学生的设计思维也将逐渐得到培养，综合学习效果更会倍增。

二、结合设计心理学以及购物学的产品调研

喜欢不等于购买，购买不等于使用，使用不等于良好的用户体验。产品设计最终的考核对象是市场和用户，为了确保顺利地完成调研、设计、销售及使用，并且得到良好的用户反馈，整个设计过程还需要结合设计心理学以及购物学完成操作。因此，在课程设置上，除了基本的调研与设计的相关知识，设计心理学和购物学也是不容忽视的教学内容。

1. 设计心理学

设计心理学涵盖众多内容，就产品设计层面而言，最主要体现为：日用品心理学、日常行为心理学以及人的一系列普遍心理特征。日用品心理学揭示了产品与人的关系，以及如何使得产品具有可视性与易通性，实现产品易学易用的特征。日常行为心理学的研究核心，则是人们的行为特征以及行为产生的原因和过程，产品与使用者的关联方式就来自于行为，所以，对人们行为规律的研究就是对产品使用的研究。人的一系列普遍心理特征，存在于人们日常生活的方方面面，即使是很细微

的情绪变化也会影响人们对产品的认知和使用。

例如，在调研过程中，可能存在对用户进行采访的环节，根据"认知失调理论"（人们往往会为了证明自己行为的合理性，无意识编制很多理由），用户对于产品的评价，不一定是有效的用户体验测评依据。用户消费金钱购买产品，希望自己的选择物超所值，所以可能会给予不够中肯的产品评价。因此，面对用户的反馈意见，不能一味完全采纳，以免影响调研报告的准确性。另一方面，在设计过程中，设计师往往站在理性的角度，采用具有逻辑性的操作步骤实现功能。然后，人们绝大多数的行为是无意识的，并没有经过理性或是逻辑的判断，所以有意识的设计很难与无意识的行为有效契合，从而影响用户体验。除此之外，无论是调研还是设计，市场还存在一种特殊情况，产品的购买者与使用者并非同一对象，他们对于产品的需求甚至大相径庭，作为设计者，如何协调这一矛盾，也需要借助设计心理学的指导。

2. 购物学

购物学是一门年轻的综合性应用学科，主要研究人们的购物习惯以及特征。设计的优秀与否固然重要，但是产品需要通过购买，才能有机会被用户使用，在一定程度上，产品被卖出去成为市场检验的第一步，有时候甚至是最难的一步。

顾客决定是否购买产品，往往仅在一瞬间，如此短的时间内，产品或许还来不及被顾客看清楚，就已经没有被购买的可能性了。一个研发数年的产品，可能在进入市场一周内就被宣告失败。面对如此残酷的市场环境，如何吸引顾客购买，不仅仅是设计自身的问题，还涉及卖场的综合环境、陈列方式，不同人群的消费习惯，打动人心的宣传标语等。例如，顾客在店内停留时间越长，消费机会越大；顾客结伴而行，购买的可能性也会增加；配有购物筐的店面，销售额更大……又例如，由于社会结构以及家庭经济模式的改变，产品使用者的性别指向也开始逐渐模糊。单身独居的女性成为五金店的常客，"家庭主夫"也会是日用品方面的购物专家，购物者发生了变化，产品属性与销售方式也将不同。

上面的例子都属于购物学研究的范畴，看似与设计无关，但是它们确确实实影响着设计价值的体现。因此，从调研到设计再到销售，需要运用购物学做出有效的大数据统计，以实现顾客"观、闻、触、买"的购物流程，最终确保产品被顾客成功地购买与体验。

结语

综上所述，调研报告需要落实到产品，产品需要被顾客购买和使用。产品调研方法虽然是一门基础应用课程，但课程的系统性与综合性不容忽视。从制作调研报告到完成设计，再到拟定销售模式，教学中的每一个环节都需要结合设计心理学和购物学的相关理论，以确保教学目标的实现。以这样的方式开展教学，学生不仅可以得到一次全面而充实的调研训练，还能培养自身严密的设计思维，为日后的主干设计课程打下坚实的基础。

参考文献：

[1] 唐纳德·A. 诺曼. 设计心理学1. [增订版][M]. 小柯，译. 北京：中信出版社，2015.

[2] 帕科·昂德希尔. 顾客为什么购买. [珍藏版] [M]. 缪青青，刘尚焱，译. 北京中信出版社，2016.

浅析运用软装饰产品设计营造空间

西南民族大学城市规划与建筑学院　产品设计系　范寅寅

摘要：本文首先论述软装饰产品设计是从中观到微观层面的营造空间。随后，对比室内陈设设计，分析其设计立足点、范围以及着力点的不同，梳理了两者关系。最后，详细阐述软装饰产品设计在营造空间过程中的表现与操作。

关键词：软装饰产品设计　空间营造　室内陈设设计

绪论

在室内设计相对饱和的市场环境下，基于对生活高品质的追求，软装产品设计成为设计领域的热门话题。然而，对于软装饰产品设计的认识，可能存在两种常见的误区：软装饰仅仅是对装饰的研究；软装饰产品设计与室内陈设设计并没有本质的不同。本文将以论述与例举的方式，阐述软装饰产品设计实质是从中观到微观层面的空间营造，并且对比室内陈设设计，浅析软装饰产品设计的具体运用。

一、软装饰产品设计旨在营造空间

提到"软装饰"，可能很多人会认为其任务就是选购家具、搭配装饰品、美化环境，让室内设计更加完整，空间视觉效果更加丰富……然而，软装饰产品设计虽然重于装饰，却不仅仅是装饰，设计过程也并非仅停留于"装饰"层面的"小打小闹"，和其

他类别的空间设计一样，它所思考的正是如何运用设计的语言，营造高品质的生活空间，从而提升使用者的综合体验。下文将从不同维度介绍空间设计，以揭示软装饰产品设计的功能与意义。

城市设计——根据一座城市的地理环境、资源配置、风土人情等，赋予城市专属名片，打造城市的对外形象以及优化格局。景观设计——在城市设计的基础上，对城市景观特征进行分析，人们参与环境、改造环境，使之更符合生态以及人居的综合标准。建筑设计——用一定的空间语言，结合构造技术与材料，将室内、室外空间进行合理分配。好的建筑就是景观的一部分，毫无违和

感，仿佛从景观中自然生长而成。室内设计——将建筑内部空间，根据其性质以及人们的使用情况，通过一系列空间手法，实现室内空间的功能特征。软装饰产品设计——对于已完成室内设计的空间进行再设计，更偏重于空间品质与空间感受的提升，使之更为适用和舒适。

从上述分析可见，城市设计、景观设计、建筑设计、室内设计、软装饰产品设计，每个领域相互影响、相互作用，由宏观到中观再到微观，尽管尺度不同，着力点不同，设计手法不同，然而，其实质都是对空间进行营造，使之利于环境的可持续发展，同时，更符合人们的生活需求（图1）。

图1 尺度对比

回到软装饰产品设计，沙发的尺度会影响使用者在客厅的行动轨迹；装饰性储物架可以成为半公共空间与私密空间的软性隔断；灯具的配置与照度可以营造不同的空间氛围；一件有趣的陈列品可以增加使用者在空间停留的时间……由此可见，即便是中观或微观层面的软装饰产品设计，也是对于空间的思考，实现功能与装饰的统一，运用产品营造空间。

二、软装饰产品设计与室内陈设设计的对比

软装饰产品设计相较室内陈设设计而言，是更为年轻的设计类别。在设计过程中，这两个专属名词常被混用，然而，它们并不是同一个概念的两种称谓。

1. 立足点不同

尽管两者都是以空间的使用功能以及风格的整体定位为基础，结合人机工程学、心理学的理论进行探索，然而，在具体的操作层面，还是存在一定的差异。

室内陈设设计，立足于环境心理学，基于空间的功能，从中观层面思考人们的使用方式，根据综合需要定位空间的风格以及相关内容。

软装饰产品设计，立足于日用品设计心理学，基于空间的性质以及更微观的使用细节，结合拟定的风格，为空间量身打造一系列的软装饰产品。

2. 设计范围不同

室内陈设设计，根据空间的功能要求，设定整体室内风格，以及各个功能分区的视觉特征，主要表现在色彩、材质、纹样等风格构成要素。

软装饰产品设计，根据现有室内空间的性质、色彩配比，材质控制等风格构成要素，设计从实用性到装饰性的一系列产品。相较而言，软装饰产品设计思考的层面更为细致，主要表现为家具、织物、界面装饰品、摆件等。如果说室内陈设是从"面"的维度思考空间，那么软装饰产品则是以"点"的方式进行探索。

3. 着力点不同

室内陈设设计，在确保空间功能的基础上，更着眼于室内风格的整体把控。

软装饰产品设计，虽然以空间性质与风格为前提进行思考，但是其设计探索的着力点是产品本身，最终的设计成果也是以产品呈现。

另一方面，尽管软装饰产品设计与室内陈设设计存在很多差异，然而它们之间也存在着紧密的联系。例如，室内陈设决定整体空间采用新中式风格：空间气质清雅稳重；棕黄色系为主导，局部点缀白色与黑色；木材、石材、亚麻为主要材质；装饰采用简化的云纹纹样。对应室内陈设设计，软装饰产品设计则需要根据上述内容，设计并制作一系列新中式陈设品：结构简化的木质圈

椅、米黄色糊纸灯笼式的吊灯、云纹雕花的屏风、陶瓷器皿和摆件等。由此可见，在设计过程中，室内陈设确定风格基调，软装饰产品完成风格呈现。两者的差异性，也创造了两者的关联性。

三、软装饰产品设计在营造空间过程中的表现与操作

前文已论述软装饰产品设计的实质是从中观到微观的空间营造，并且分析指出装饰产品设计与室内陈设设计的差异和关联，下文将具体阐述软装饰产品设计在营造空间过程中的表现与操作。

1. 软装饰产品设计在营造空间过程中的表现（图2）

既然软装饰产品研究的是空间的营造，那么对它的思考也需要从空间入手。

空间的产生，源于界定与围合。界定与围合的方式，以及空间尺度的不同，可以将空间分为室内空间和室外空间。软装饰产品设计主要存在于室内空间。

由于功能的不同，室内空间存在三种构成要素：固定要素（空间中不易更改的界面，如天地墙）、半固定要素（可以移动的空间隔断以及家具等）、非固定要素（可自由移动的空间使用者）。软装饰产品设计将对于室内空间中的半固定要素进行打造。

半固定要素是空间风格定位（室内陈设）的主要承载对象。不同的风格特征，室内陈设也将不同，从而更限定了

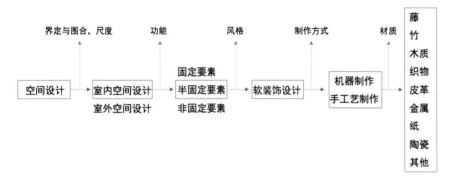

图2　软装饰产品设计在营造空间过程中的表现

软装饰产品设计的设计方向。

　　根据软装饰产品设计的制作方式，可以将其分为机械产品与手工艺产品。由于制作材质的不同，软装饰产品还可以进一步细分为：藤编制品、竹制品、木制品、织物、皮革制品、金属制品、纸制品、陶瓷等。

　　根据上述内容，软装饰产品设计在营造空间过程中的表现可以总结为：通过设计制作室内半固定要素，使其与固定以及非固定要素共同体现室内空间的功能特征，再结合室外空间，凭借不同尺度的界定与围合，回归空间本身。

2. 软装饰产品设计在营造空间过程中的操作

　　面对一个已经完成室内设计的空间，软装饰产品的设计过程大致可以分为四个步骤。

　　第一，需要明确空间的性质（公共空间或居住空间）。不同性质的空间对于软装饰产品的功能、材质以及耐用性存在不同的要求。例如，公共空间的使用人群的种类繁多，使用频率也远高于居住空间，软装饰产品应该把实用性及耐用性作为最主要的考虑层面。居住空间相对更个人化，使用频率也比较固定，在设计的过程中，可以更多地尝试以彰显个性、表达情怀。

　　第二，根据室内陈设的风格定位，对风格构成要素进行分析。通常，设计可以从以下几个方面着手：色彩（主导色、对比色、点缀色）、材质（主体材质，辅助材质、装饰材质）、装饰纹样等。该阶段分析得出的结论，不仅将成为产品设计的限制要素，也将是设计创意的灵感来源。

　　第三，进入正式的方案设计阶段。

　　为了确保室内风格的统一性，在设计之初可以拟定软装饰产品的设计母题，比如固定的几种材质、类似的连接结构、某种特殊的形态、互补的使用功能等，以实现产品之间的关联性。

　　第四，以设计母题为出发点，提出创意，推敲方案，研究设计的可实施性，完成软装饰产品的设计与制作。

　　当然，以上四个步骤还需要结合空间的实际情况开展。面对不同的空间，或许每个阶段的具体操作会产生相应的调整，但就空间性质、陈设风格、设计母题等关键因素，始终是室内软装饰产品设计必须深入研究探讨的问题。

结语

　　综上所述，虽然软装饰产品设计的最后成果落实于产品，但其设计过程以及根本目的，依然在于营造空间，其意义不可小觑。尽管软装饰产品设计与室内陈设设计不是等同的概念，但两者之间确实存在很多相似之处并且联系紧密。另一方面，在实际运用过程中，软装饰产品设计从空间入手，作用于产品，再回归于空间；以明确空间性质，分析陈设风格，确定设计母题，提出方案与制作等层面逐步推进，结合其他维度的空间设计，最终实现从宏观到中观再到微观的高品质空间营造。

信息时代下产品设计人才培养的教学思考

西南民族大学城市规划与建筑学院　产品设计系　伍稷偲

摘要：从人类进入工业时代开始，工业设计、产品设计开始登上了历史舞台。21世纪，随着互联网的飞速发展，"互联网+"被国家提到战略发展高度，工业设计、产品设计的类别不局限在实体产品上，虚拟产品、实体与虚拟结合的产品陆续出现。时代在改变、市场在改变、产业也在改变，针对如今市场对产品设计人才的需求，过去高校的设计人才培养机制与方式已经不能满足当今市场的需求，本文中就教学方法与内容的变革做了一些思考。

关键词：产品设计　人才培养　教学方法

由阿里智能设计实验室开发的鲁班AI在今年的淘宝"双11"可实现日均制作海报4000万张，平均每秒制作8000张且每张不同。人工智能时代的开启，意味着市场对人才的需求开始转变，单一的技术类工种将在未来被科技所取代，同时意味着高校的人才培养也该随之变革。在工业革命时代，大机器生产大量取代了人力劳动，人力劳动从重体力劳动转向了轻体力劳动；在互联网时代，计算机替代部分轻体力劳动，人力劳动从体力劳动转向智力劳动；在如今的信息时代，人工智能已经开始逐步凸显其强大的能力，无人驾驶技术、AlphaGo、鲁班AI等已经可以开始学习人类并且开始逐步取代人力劳动。在这样的时代背景下，放眼未来，作为应用实践性为主的设计学科应

该如何变革？

设计学科是一门应用性很强的学科，作为设计学科的一名教学者感受到了空前的危机感。单纯的技术培养、传统的教学方式与内容已经不能满足当下及未来的市场对人才的需求。教学的过程、教学的内容及教学方法都需要革新，才能更适应当下及未来市场对于设计人才的需求。

一、加强基础课程与专业课程的连接

1. 改变陈旧的教学方式

当下设计学的培养方案大多沿用美院体系的专业课程培养方案，部分课程的设置已陈旧过时。例如三大构成还依然沿用20世纪90年代三大构成的教学

内容，且针对不同设计学科基础课程同质化较为严重，大部分采用通用性的作业练习。平面构成采用单纯点线面构成练习，色彩构成采用的色相、明度及纯度对比的构成练习。

改革试图在基础课程的教学上寻找能与专业课程相匹配的实践练习，在平面构成课程上，结合格式塔心理学内容，将UI界面设计上的应用作为作业练习。在完成平面构成理论实践的同时，解决了高年级数字化产品设计中的界面基础练习。在色彩构成课程上，将配色练习与UI界面设计结合，在解决色彩构成原理的同时，解决其在UI界面设计中的应用。这样的课程连接将基础理论的应用落实到较合适的平台，既解决了专业理论的落地转化，又解决了专业设计课程中的基础部分的练习。

2. 加强理论课程与设计课程的连接

在如今的课程安排体系下，所有理论课都积压在低年级，而专业课程都放在高年级。这样会导致低年级所接触的理论无法在短时间内得到实践应用，大部分理论遗忘率较高，从而转化率较低。而高年级在应用练习需要理论指导时，又无法快速建立起与知识点的链接。在无法改变排课体系的情况下，可以尝试在低年级的理论课程中加入一些比较容易的实践机会，而在高年级的专业课程中，可以在应用实践前加入所需知识点的梳理。在一定程度上，既增强了理论课的转化率，又提高了设计课程的效率。

在设计心理学的理论课堂中，将作业练习变为寻找心理学理论与产品造型设计的对应的案例分析。对于大一的学生而言，还未形成系统的产品设计的设计思维，按照设计心理学内容完成一产品或改良一产品对他们比较困难，但依据所学设计心理学理论内容，在日常产品中寻找对应的应用则较为容易，在完成该练习的过程中，既让学生养成关注身边产品的习惯，又能让学生对设计心理学的理论内容得以理解与转化，还认知了设计心理学对产品设计的重要性。在完成该理论课的知识讲解后，与专业课程进行连接，当不具备专业能力的时候，改变方式进行认知实践转化。学生在经过这样的作业练习后，将所学理论转化为了案例库，即使记不清理论，也能回忆起案例，从而在一定程度上提高了理论的转化率。

二、加强学生的自主学习能力

在部分设计课程的教学中，由于理论内容部分较多，在规定的课时范围内占据的时间已超过实践课时；对于学生而言，实践应用环节的对知识的转化率要远大过于听授理论环节。在有限的课时内，不压缩理论课程内容与实践应用课时，尝试将理论内容前置于课堂。这样既减少了课堂上理论课程的授课时间，又增加了实践应用环节的课时，还加强了对学生的自主学习能力的训练。对于知识的转化率，自主阅读要大于听授式的转化率，实践过程的强化会提高转化率。这样的方式能极大程度解放课堂，对于需要加大延展广度与加强理论深度的课程都留有更大的自主空间。

在MOOC课程中，理论内容前置对于授课效率的提升尤为明显。对于产品设计专业而言，如今的产品类别大、覆盖面广，在教学中注重广度的横向扩展，需要更灵活的课程时间。课前的认知了解与课后的延展需要联动，教学仅靠课堂上的时间是远不够的，利用好课下的时间，做好课下和课上的衔接才能最大程度解放课堂。

三、加强创新思维能力训练

在实验课程的训练中，学生很容易掉入技术练习的局限中。例如陶瓷工艺与设计的课程，课程前期对陶瓷成型工艺与材料进行讲解后，大部分学生在课程中后期投入大量时间在陶瓷成型练习中，而并没有针对陶瓷容器型本身进行更深入的思考。由于课程时间的限制与陶瓷成型工艺程序过多，造成学生作品单一。在其后的实验课程中做了一些尝试改变，在学生对陶瓷材料与成型工艺有一定认知和体验后，加强对容器造型方案的要求，学生开始着重进行容器的使用人群分析、使用环境分析、器型的尺寸及比例与使用者之间的关系等分析后，再将设计方案进行实物制作。在实验课程中，强化思维的训练仍应作为主导，实践技术的练习应当控制好时间。

四、加强培养学生的设计综合能力

在日常教学过程中，发现学生有一个共同的习惯，针对每次作业，学生几乎把精力都集中在设计的末端形式表现上，而忽略了设计前端的调研思考及其他需求的分析。对于设计人才培养的核心，解决产品形式表现问题只是核心的一部分，当今的产品也不能只单靠颜值吸引用户，用户需要更多元功能的产品、更佳体验感的产品。产品的需求已从原有单一形式需求或功能需求发拓展至认知需求、体验需求，市场的竞争、用户的需求对产品的要求越来越高，产品设计前端的思考也需要更精准透彻。在教学过程中，除了设计表现上训练，还需加强设计前端思考的训练：① 用户需求的深度挖掘；② 功能性痛点挖掘；③ 符合用户群体，人机工程学下的造型挖掘；④ 用户群体认知程度的挖掘；⑤ 使用环境及交互关系需求挖掘。通过多维度对产品的思考与分析最终进行产品造型的设计。

在实践平台上也存在一个误区，大量的设计竞赛以形式至上原则作为参赛作品的评判标准，这一导向让学生在评判某一产品时，养成以形式为重的思维惯性。在教学中，案例分析解读作品时，着重设计前端的分析，让学生认知到前端的重要性。

五、增强跨专业方向的思考

随着科技的发展，产品的形式已经不局限于实体产品，各种App应用、自媒体平台、电商平台抢占着线上市场，共享单车、无人机、可穿戴设备、机器人等各新兴产品也陆续登上历史舞台。

科技的进步带动产业的发展，例如语音识别技术在电视产品上的应用，智能电视与传统电视的区别在人机交互方式的改变，人可以通过语音操控电视。智能电视的设计重点从形式造型导向性转至功能体验导向性，更人性化、更便捷的交互才能给产品带来更大的竞争力。再例如家具产业的变化，随着物联网技术的发展，智能家具开始逐渐抢占家具产品的市场，电子门的指纹解锁改变了人们的开锁方式，智能窗户与智能照明系统开启方式的改变解放了人们的双手。技术的革新带动市场的变革，高校的人才培养需察觉产业和市场变革动向，跨专业的延伸研究与教学更能贴合未来的人才需求。例如在木质工艺家具课程中，引导学生发现家具用户的需求和痛点，尝试通过智能家具的方式来解决问

题，在练习中，不只关注产品造型、材料和功能问题，产品的前瞻性也是需要涉足。在照明产品的课程中，主动引导学生分析照明设备的痛点问题，尝试通过改变照明设备的交互方式来解决。学生在过程中，不仅了解了前端技术的原理，更尝试了如何实现传统产品的智能转变。

在如今的环境下，对于学生的培养不能只停留在技术的层面上，单一的技术工作在不久的将来会被科技所取代，除了提高学生的审美能力和造型能力外，还需注重培养学生的设计思维、设计综合能力及跨界思考的能力，未来的市场对人才的要求会越来越高，更高素质的复合型人才是人才培养的核心。

浅论设计素描与图形创意课课程设计

西南民族大学城市规划与建筑学院　产品设计系　江瑜

摘要：设计素描与图形创意课程是产品设计专业的基础课程。通过一系列新颖并具针对性的训练课程，将设计基础课与专业设计课有机结合起来，以建构学生的设计思维系统，并提高学生的设计能力，是笔者设计本课程教案的基本思路。教学实践过程中，笔者探索并尝试了一些新方法，收效卓著。本文将结合教学目标，展示本课程的具体设计方案，以供探索交流。

关键词：设计教学　基础课程　设计素描　创意　设计思维

引言

从研究自然形态与人工形态中获取独特的洞察力，从对对象物体表面的描摹到视觉元素的提取并重组，通过一系列的训练设置将设计基础课与专业设计课有机结合起来，以提高学生的设计能力，是设计类专业基础课教育的基本思路。

设计素描与图形创意课是产品设计专业的基础课程，针对产品设计的专业培养方向，在课程设计中，笔者对几方面内容进行了强调：① 设置新颖并具专业针对性的训练题目；② 针对学生个体特点进行启发式训练；③ 让学生熟练掌握设计表达语言。在本文中，笔者将结合设计素描与图形创意课程的实际教学过程，展示本课程的具体设计方案。

一、设计素描与图形创意课程分区

作为产品设计基础类课程，笔者首先将设计素描与图形创意课程的分区进行了确立：第一单元为自然形态解析，第二单元为人工形态解析，第三单元为视觉元素提取与重组创意训练，也可以称作设计形态表现训练。

这三大单元呈递进关系，又互相交融，主要目标是培养学生的洞察力与思维方式。通过三个单元的系列训练，让学生实现从具象表现到抽象表现的转换。整个课程以学生实操为主，通过反复练习，建立思维体系。教师在各单元起始阶段使用多媒体进行图例展示与分析，实操过程中组织同学们相互观摩学习，各单元结束时教师进行阶段性总结，要求学生对自己作品的创作意图及创作方法进行阐述。

二、单元课程方案设计

1. 第一单元课程——自然形态解析

人类对于形式的创造最初都是来自于对自然的模仿和学习，纵观历史，不论是对自然形态的具象模仿还是依据自然形态进行变化演绎，自然形态都是设计表现的永恒主题之一。新艺术运动中，艺术家和设计师们回归到自然中寻找灵感与启发，创造出各种奇异美丽的造型。西班牙著名建筑师安东尼·高迪留下了许多经典传世的作品，他大量运用自然形态作为造型基础，并加入东方元素，使建筑物呈现出灵动的生命力。

现代设计中的仿生设计，就是参考自然形态而衍生出的一种设计形式，研究自然形态旨在从自然形态的形式、结构、色彩、肌理等要素中获取设计启发。随着对仿生学的深入研究，设计师已经逐渐从简单的外形模仿，过渡到对自然形态结构的研究。设计师运用设计介入，力图使科技的面貌变得越来越人性化，越来越亲切。对自然形式的借鉴与学习，是一种人本主义的形态创造态度。所以在设计基础课程中，有必要让学生做自然形态解析的训练。

在第一单元课程——自然形态解析中，笔者安排了两个主要的训练课题。第一课题阶段直接对自然形态进行描摹写生。学生根据教师提供的自然形态进行仔细观察，要求重点关注自然形态的外形、肌理、组织结构。观察视点不遵循传统美术教育模式，学生可以从任何角度进行观察，尽量寻找新的观看视角。在观察基础上完成两张素描：一张为整体形态结构素描，一张为自己所截取的局部细节素描。两张训练作业重点在于形态结构描述与细节表达，训练中要求学生尽量用线做精准表达，光影不成为表现的主要方面。

第二课题阶段为抽象创作。学生根据教师所提供的自然形态，重点剥离自然形态的原本面貌，只保留及提炼自然形态中最基本和最具辨识度的造型元素，如生物独特的外形特点、生物纵向生长的特点、生物表面肌理的排列方式等。根据这些所提炼出的造型元素，进行抽象化和重组，适当加入光影，重新创作出一张具备对象物体特征的设计素描。在抽象创作的训练中需要学生结合构成基础知识进行创作，所以教师在课程中需要适时穿插构成的基本表达方式，并辅以图例进行讲授。

2. 第二单元课程——人工形态解析

在人工形态中，结构是解析的重点。结构就是不同形态元素之间、不同材料之间、不同部件之间的连接关系。从视觉上看，材料通过结构关系连接成型；从功能上看，结构是用来支撑物体和承受物体的力学构成形式。没有结构，那么产品（人工形态）便无法被创造出来。结构体系对于形态的支撑，有时不体现在外观上，例如有许多产品，其结构是隐藏在表皮背后的。但是多数情况下，结构体系会成为造型（外观）的一部分，甚至成为形态表达的主要途径，例如法国巴黎的埃菲尔铁塔，它的结构也是它的造型。又如浙江大学与天堂伞合作出品的竹语伞，传统纸伞的竹结构成为设计的灵感来源。设计团队处理的重点是改良传统绸伞的竹结构，最终竹语伞造型上的亮点也是经过改良设计的竹骨结构。所以结构是我们解析人工形态的关键点，也是今后产品设计专业课程的重点。

第二单元的课程就是通过观察对象物体（人工形态），研究解析对象物体的结构体系，从而理解结构对于产品造型（外观）的影响，以及结构体系对人工形态的力学支撑作用。作为产品设计专业的学生，对于产品（人工形态）的结构认知是进入产品设计学习的第一步。

在这个单元训练课程中，教师摆放属于人工形态的工业产品，由简到难分别为：第一阶段，矿泉水瓶子；第二阶段，自行车；第三阶段，打印机。学生先进行细致观察，观察过程中可以拆解对象物体来观察结构系统，然后开始进行炸开图绘制。选择炸开图的表达方式，可以让学生最大程度上理解产品结构系统的分解状态、链接细节，以及产品组装过程。炸开图绘制过程中，有四个方面内容需要学生注意：① 构图有美感；② 透视准确；③ 人工形态结构关系表达精准；④ 细节刻画到位。绘制过程中允许使用辅助工具（尺子、圆规等）提高画面的准确度。

3. 第三单元课程——视觉元素提取与重组创意训练（设计形态表现训练）

经过前期两个单元的铺垫，第三单元重点放在视觉元素提取与重组的创意素描训练上。视觉元素的提取是设计专业学生必备的技能，第一单元对自然形态的解析，以及第二单元对人工形态的解析，都是训练学生从多角度认知对象物体，以及从日常生活中提炼视觉元素。视觉元素的重组，是产生新造型的基本方法，本阶段通过大量实践训练，让学生逐步掌握创造新造型的方法。

在视觉元素提取阶段，"解析"提供了一种提取视觉元素的途径。小到物体表面的肌理，大到物体的组成结构系统，通过"拆解"的动作，尝试从熟悉的环境物品中寻找"不寻常"的视觉元素。"拆解"或"解析"的实质是在讲"怎么看"这个问题，变换了观察视点和观察方法，更多的造型元素也就浮现出来了。例如一个常见的产品，翻转颠倒过后，跟平时习惯认知中的产品完全不同了；又例如运用微距镜头观察对象物体，会发现许多不曾注意到的细节。运用各种方法，可以大大拓展我们的视觉经验。在这个阶段，学生已经开始实践从具象往抽象转化的过程了，最终所提取的视觉元素，是简化到不能再简化的基本形态（点、线、面），而基本形态正是创造新造型的基础。

紧接视觉元素提取阶段后，是重组创意训练阶段，这里涉及"怎么画"的问题。一般来说，对于元素的重组有简单的技巧，例如平面构成的基本表达形式：重复、发射、渐变……都可以运用到视觉元素的重组过程中；又例如切割、叠透、翻转、替换等方式也是产生新组合（图形）的常用方法。在重组视觉元素的过程中，重点是运用简单基本的组合技巧，创造出丰富有层次的新画面。这些组合技巧可以单独使用，也可以组合使用。

运用所提取出的视觉元素而重组成

的创意素描，应该为抽象形态。之所以强调抽象形态的研究，是因为现代设计的本质就是抽象形态的创造。我们日常生活中所接触到的各种产品，绝大多数都是抽象形态的物化。

本单元教学活动主要分两阶段：第一阶段，学生根据前两个单元的训练作业，开始做小构图练习。将前两个单元训练作业中解析过的自然形态，以及人工形态进行进一步推导，分别以结构为基础，及以细节为基础，提炼出用以构图的视觉元素。构图要求有美感，并采用抽象化的视觉元素。训练过程中要求学生不断推敲点、线、面对画面的合理切割，线的长短穿插，面积的大小对比都应精心运用，由此探索多种构图的可能性。

第二阶段，学生在前期构图训练的基础上选择一个构图进行深化，创作出一张完整的创意素描（半开）。本阶段深化过程中，主要处理局部与细节问题，包括填充图形、肌理、光影。注意重点：局部与整体构图之间的关系，局部与局部之间的联系性，细节处理的技巧。这其中需要运用平面构成的基础知识，教师适时穿插讲授。

结语

设计素描与图形创意课课程通过三

个单元递进式的训练，实现学生在进入设计专业后思维系统的初步建立。设计虽与艺术创作有着不可分割的联系，但却不等于艺术创作。设计创作更需要建立一种理性的思维模式，所以在设计素描与图形创意课程中，着重在于对学生的洞察力、思维方式，以及表现技巧进行系统性、针对性训练，力图通过实践建立学生的初步设计思维，并能与后期专业设计课进行对接。

这几年，在设计基础课程的设计中，我们一直在探索一种更合理也更有效的教学方案，希望通过教案的更新，培养出更适应时代的设计人才，也能使设计基础教学的核心思想传递下去。

参考文献：

[1] 周至禹. 设计素描[M]. 北京：高等教育出版社，2016.

[2] 何颂飞. 立体形态构成[M]. 北京：中国青年出版社，2010.

[3] 黄刚. 平面构成——设计教材丛书[M]. 杭州：中国美术学院出版社，2005.

[4] 胡心怡. 平面构成——新世纪全国高等院校艺术设计专业"十二五"重点规划教材[M]. 上海：上海人民美术出版社，2012.

[5] 沈婷，郭大泽. 文创品牌的秘密——从创意、设计到营销[M]. 南宁：广西美术出版社，2017.

02

设计素描
DESIGN SKETCH

学生姓名：王德威　　指导老师：江渝

学生姓名：石卫峰　　指导老师：江渝

学生姓名：席豫莹　　指导老师：江渝

学生姓名：闫海宁　　指导老师：江渝

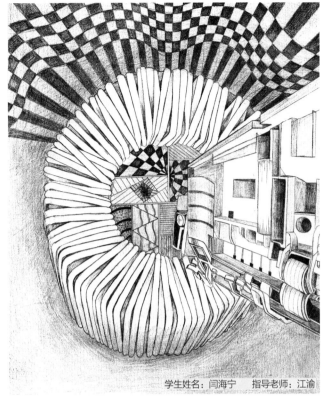

学生姓名：闫海宁　　指导老师：江渝

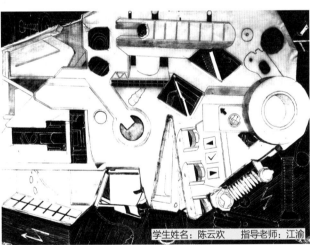

学生姓名：陈云欢　　指导老师：江渝

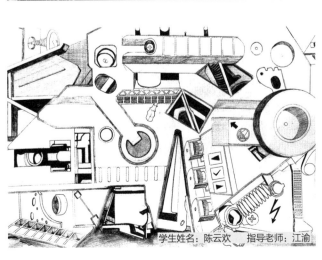

学生姓名：陈云欢　　指导老师：江渝

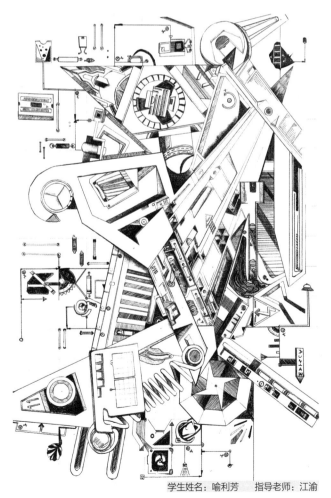

学生姓名：喻利芳　　指导老师：江渝

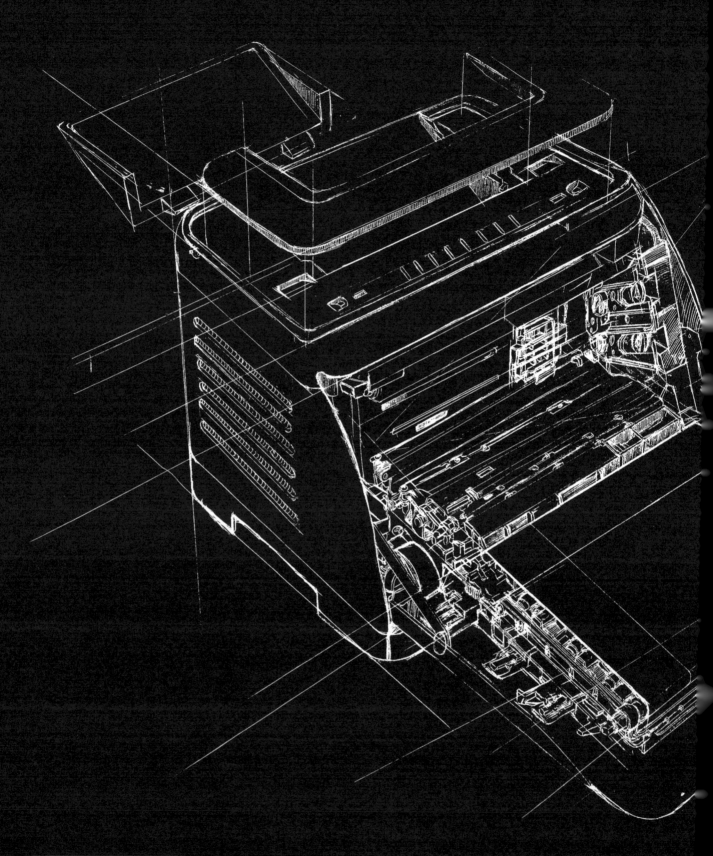

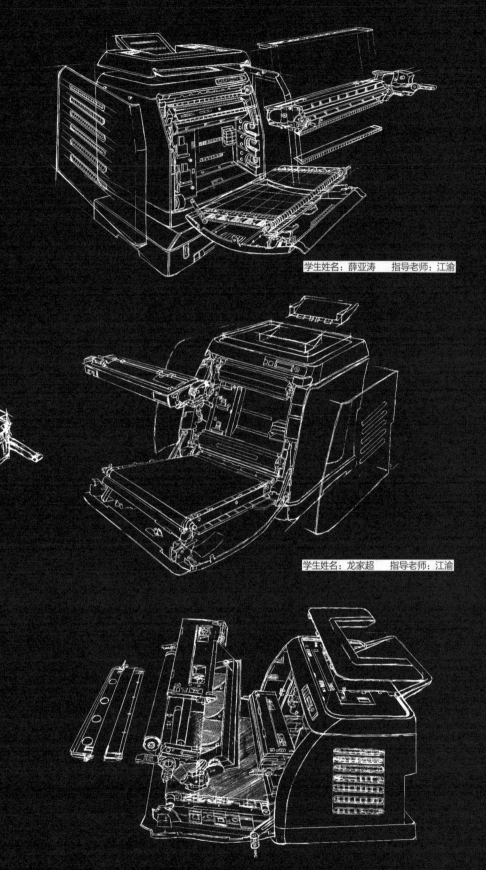

学生姓名：薛亚涛　　指导老师：江渝

学生姓名：龙家超　　指导老师：江渝

学生姓名：田俊　　指导老师：江渝

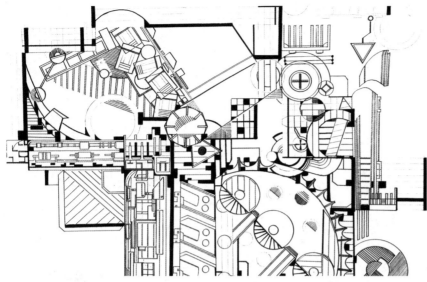

学生姓名：张露琼　　　指导老师：江渝

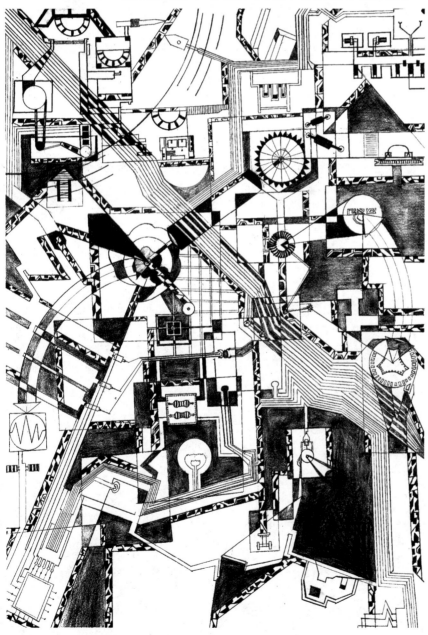

学生姓名：王焕腾　　　指导老师：江渝

03

平面构成
PLANAR FORMATION

左 | 学生姓名：陈冲　指导老师：周莉 江渝　　　右 | 学生姓名：吕雅兰　指导老师：周莉 江渝

学生姓名：陈嫣然　　指导老师：周莉　江渝

学生姓名：谭璐瑶　　指导老师：周莉　江渝

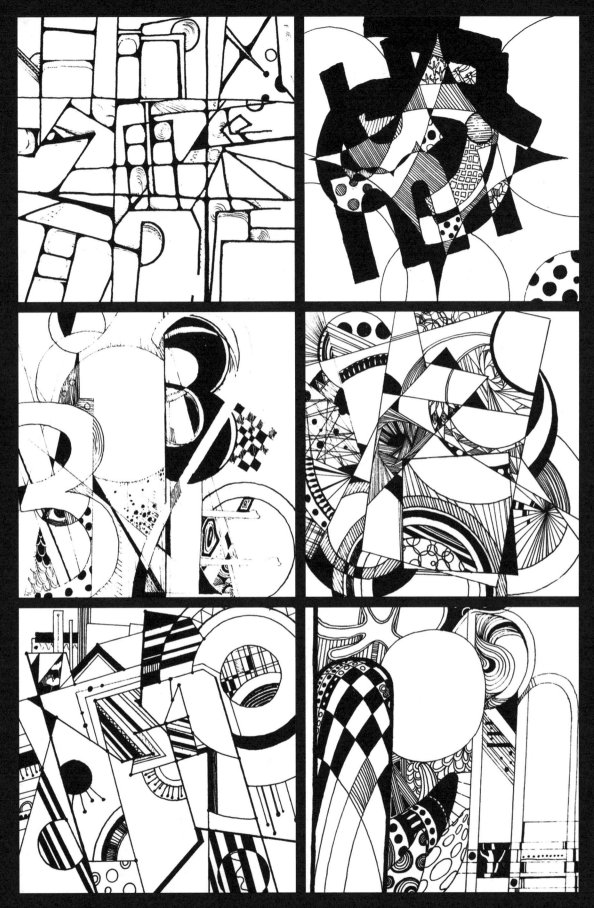

学生姓名：蒙若嫣　　指导老师：周莉　江渝

04

装饰画与技法
DECORATIVE PAINTING AND TECHNIQUES

左上 | 学生姓名：刘 倩　　指导老师：蒋鹏　　左下 | 学生姓名：李素雅　　指导老师：蒋鹏
右上 | 学生姓名：宋春霞　　指导老师：蒋鹏　　右下 | 学生姓名：李美霞　　指导老师：蒋鹏

左上 | 学生姓名：汪丹辉　　指导老师：蒋鹏　　左下 | 学生姓名：陈明珠　　指导老师：蒋鹏
右上 | 学生姓名：王　悦　　指导老师：蒋鹏　　右下 | 学生姓名：黄秉津　　指导老师：蒋鹏

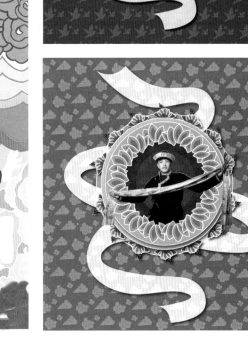

左上 | 学生姓名：宗子轩　　指导老师：蒋鹏　　　左下 | 学生姓名：谭紫艺　　指导老师：蒋鹏　　　右 | 学生姓名：陈星　　指导老师：蒋鹏

学生姓名：陈嫣然　　指导老师：蒋鹏

05

产品设计效果表现
PRODUCT DESIGN PERFORMANCE

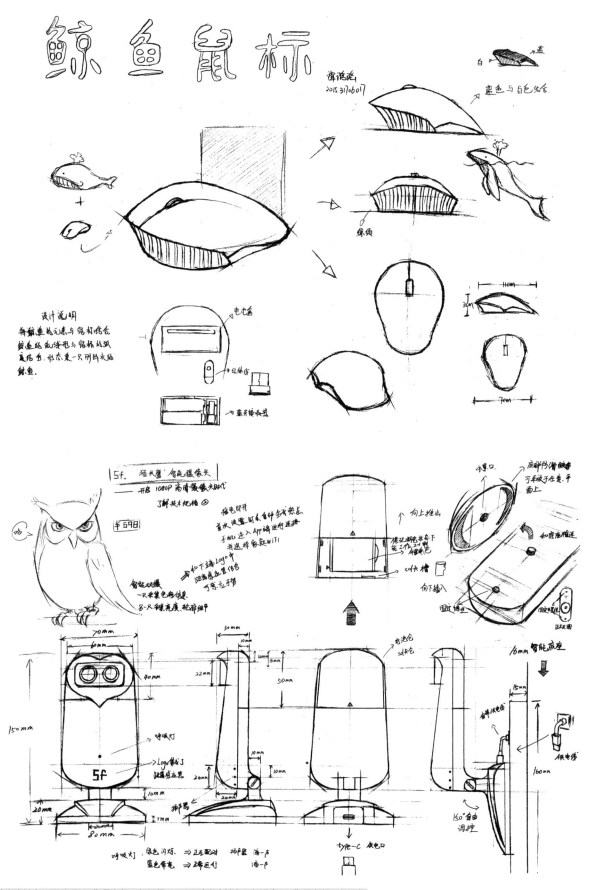

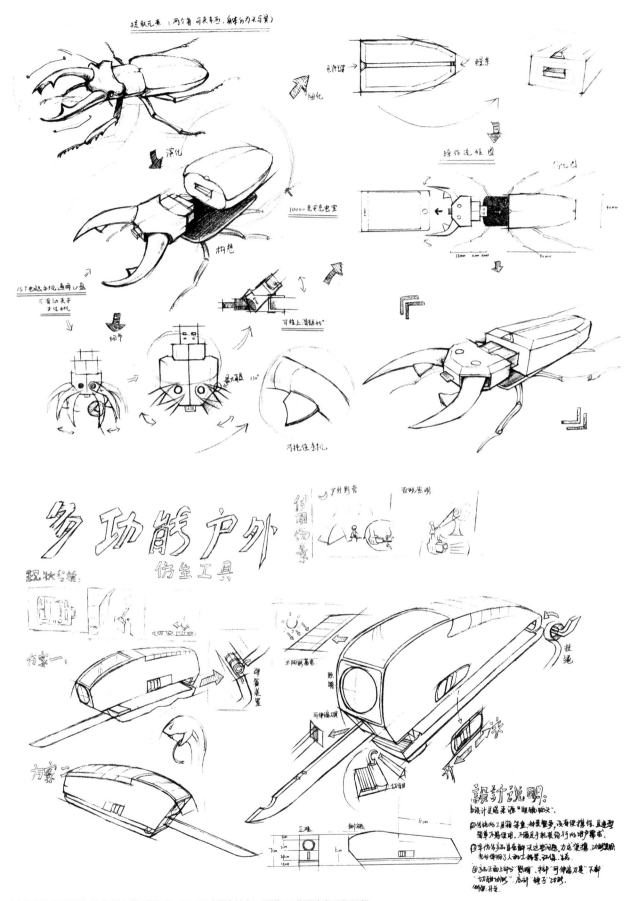

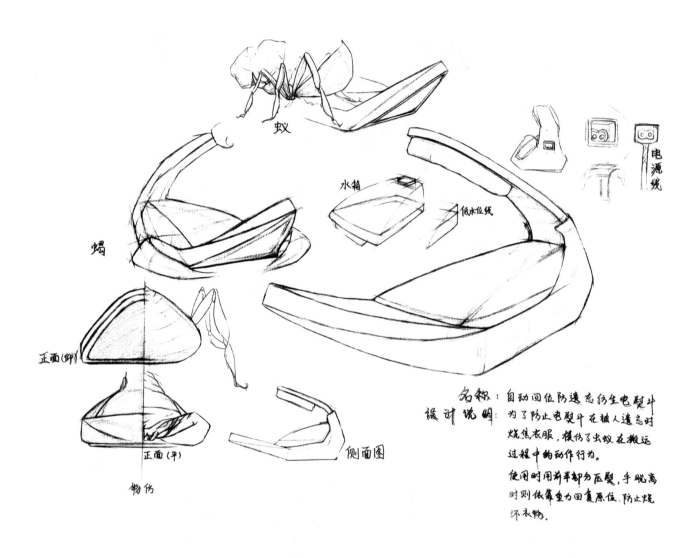

蚁

焗

水箱

低水位线

电源线

正面(卵)

正面(平)

物伤

侧面图

名称：自动回位防遗忘伤生电熨斗
设计说明：为了防止电熨斗在被人遗忘时烧焦衣服，模仿了虫蚁在搬运过程中的动作行为。
使用时用前半部为压熨，手脱离时则依靠重力回复原位，防止烧坏衣物。

学生姓名：宗子轩　　指导老师：伍稷偲

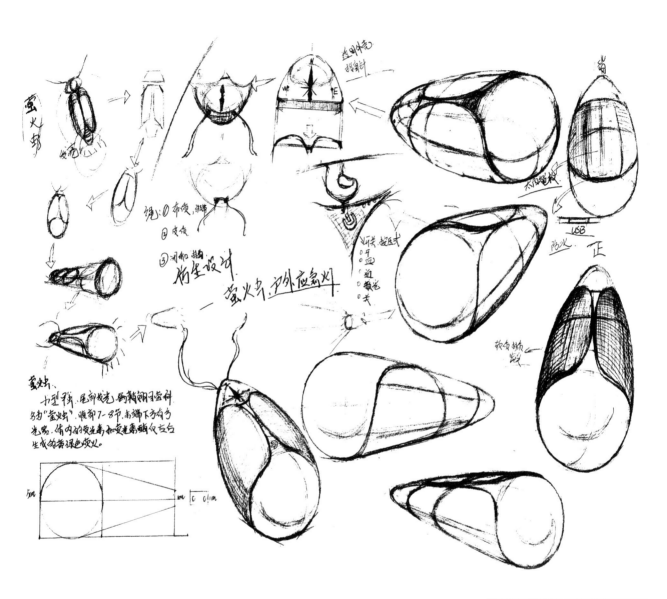

学生姓名：郭睿珩   指导老师：伍稷偲

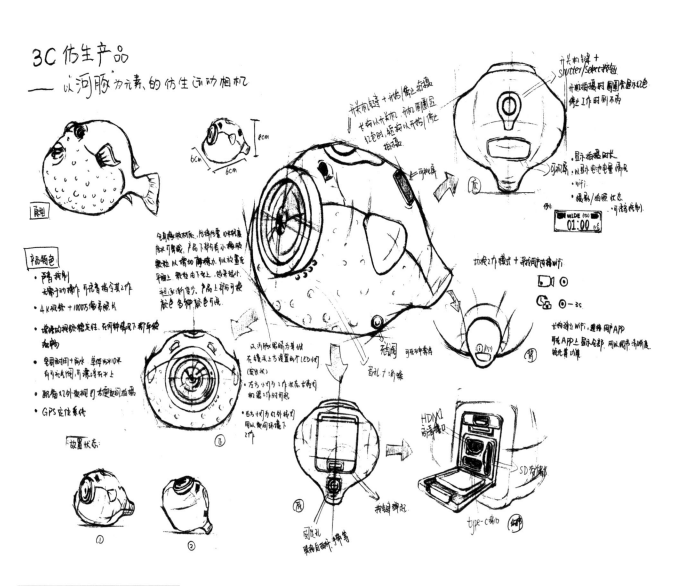

学生姓名：陈嫣然　　指导老师：伍稷偲

机械游戏手柄设计

学生姓名：陈星　　指导老师：伍稷偲

上｜学生姓名：陈嫣然　　指导老师：蒋鹏　　下｜学生姓名：白洪斌　　指导老师：蒋鹏

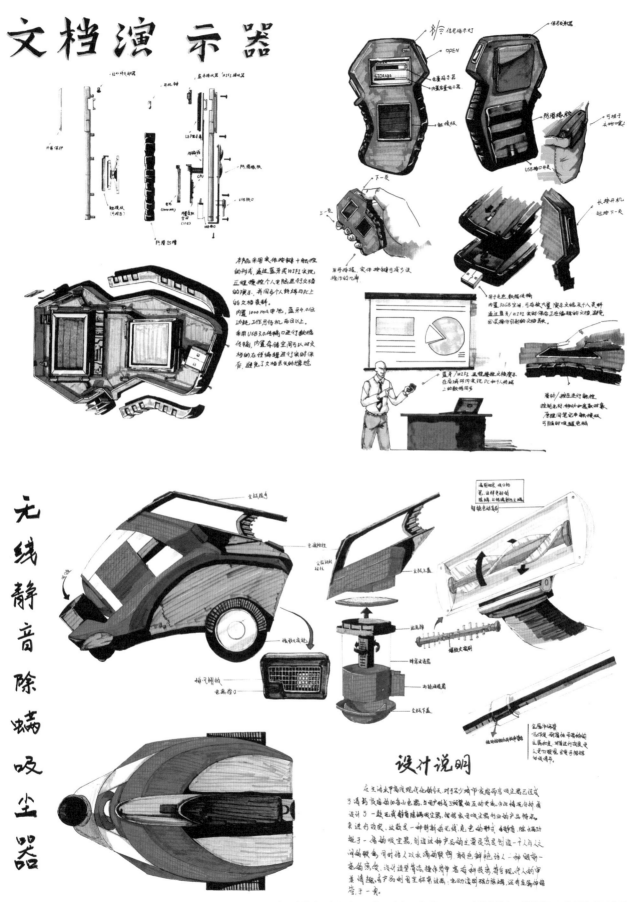

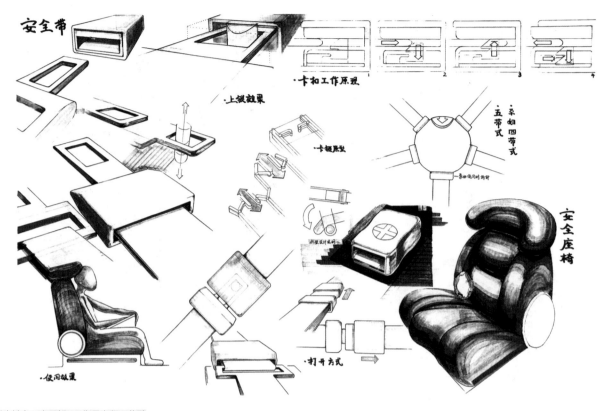

学生姓名：宗子轩　　指导老师：蒋鹏

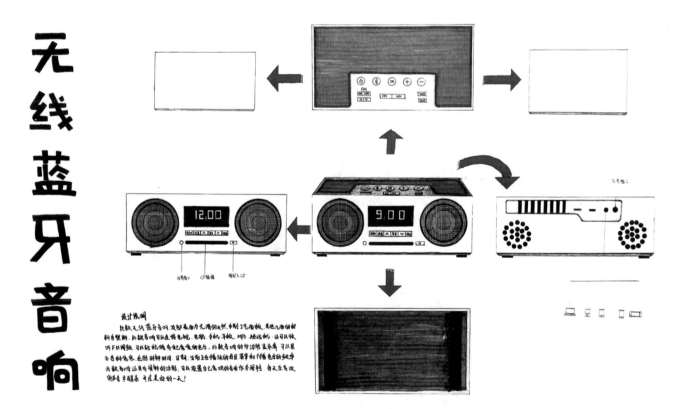

学生姓名：胡莹红　　指导老师：蒋鹏

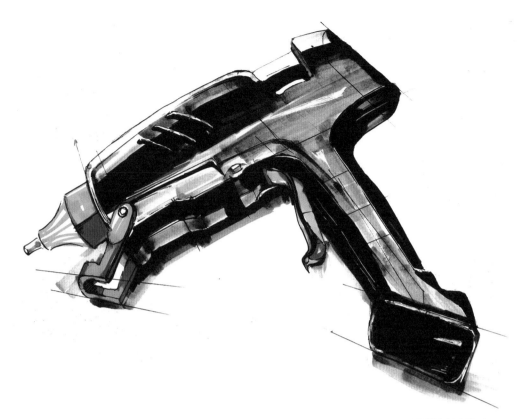

学生姓名：苗冰一　　指导老师：蒋鹏

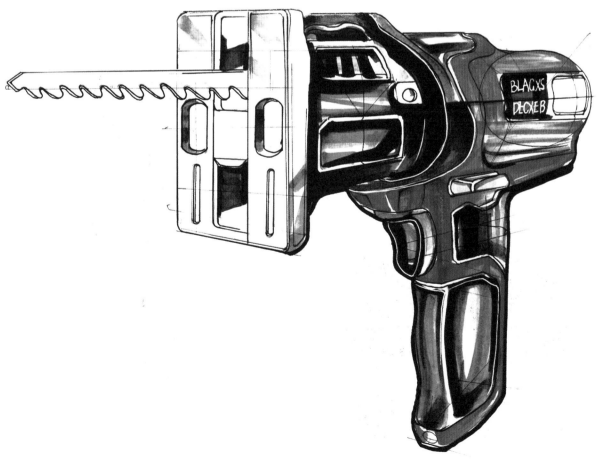

学生姓名：白春玲　　指导老师：蒋鹏

多功能户外双肩包

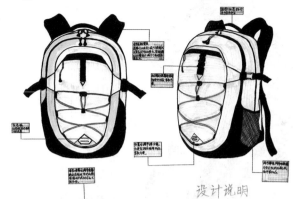

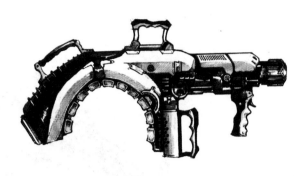

设计说明

学生姓名：孟歆玮　　指导老师：蒋鹏

学生姓名：王钊　　指导老师：蒋鹏

记录式护颈头盔

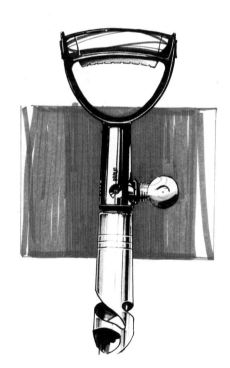

学生姓名：王顺　　指导老师：蒋鹏

学生姓名：陈冲　　指导老师：蒋鹏

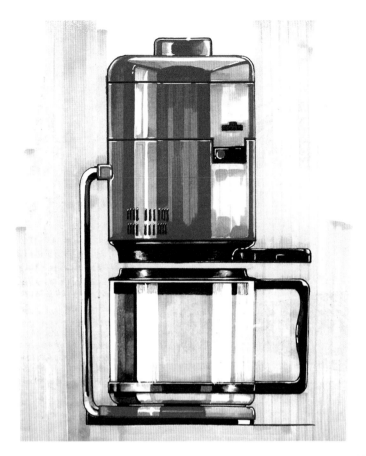

学生姓名：王梓旭　　指导老师：蒋鹏

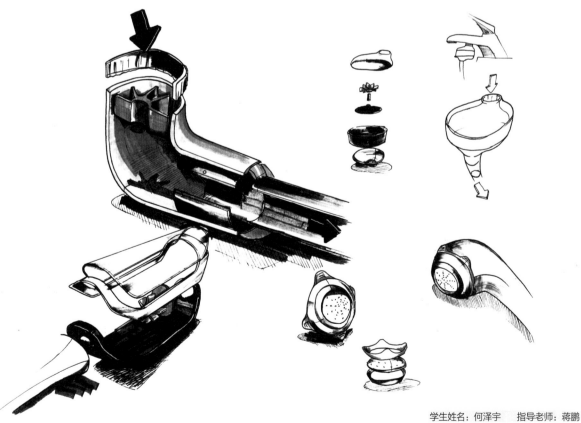

学生姓名：何泽宇　　指导老师：蒋鹏

防滑减震慢跑鞋

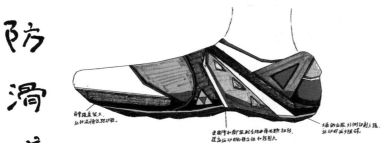

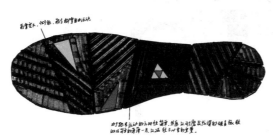

学生姓名：张子骁　指导老师：蒋鹏

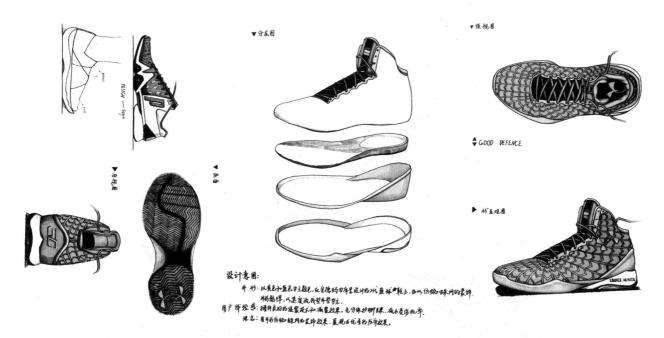

▼分层图
▼顶视图
▲ GOOD DEFENCE
▼右视图

设计意图：

学生姓名：梅加齐　指导老师：蒋鹏

06

信息可视化设计
INFORMATION VISUALIZATION DESIGN

当代室内公共艺术装置现状

各商场公共艺术装置数量与占比

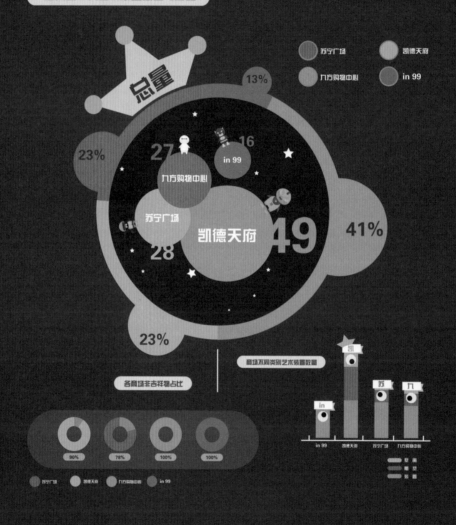

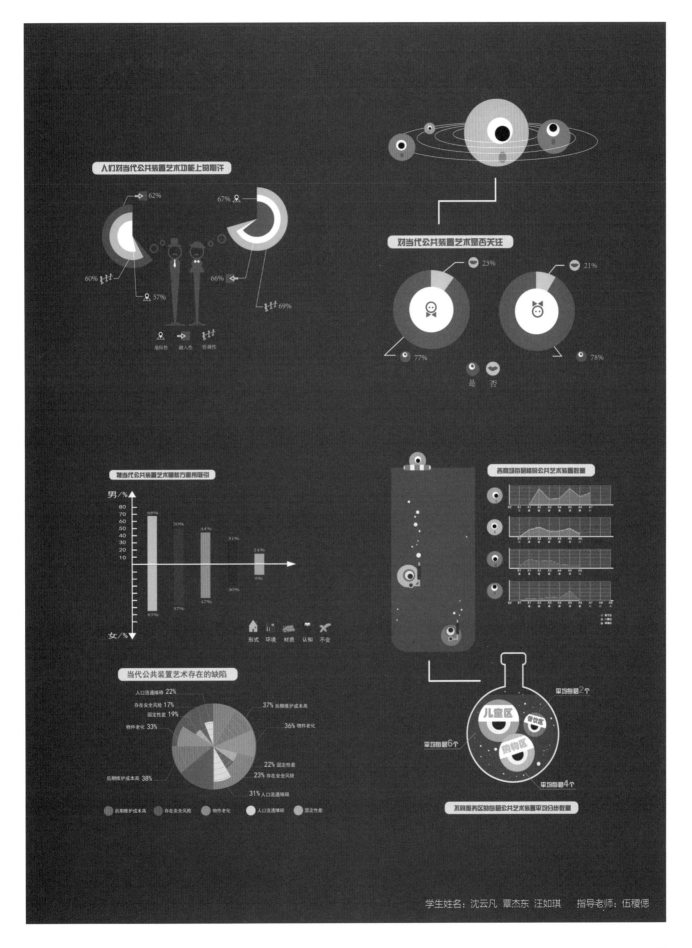

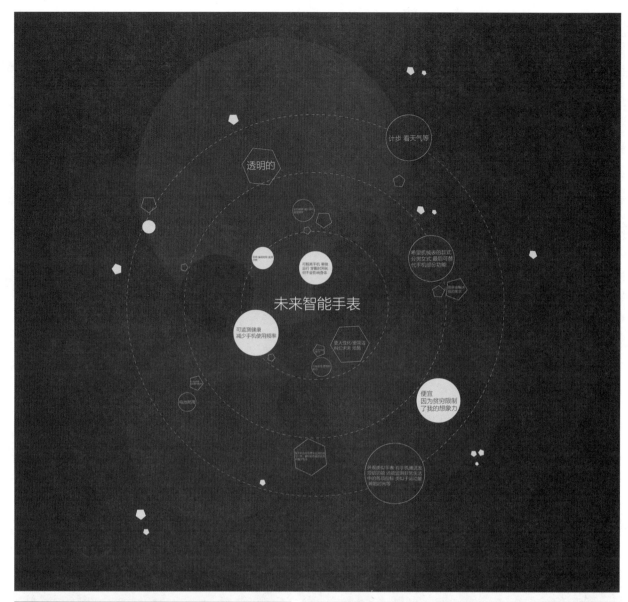

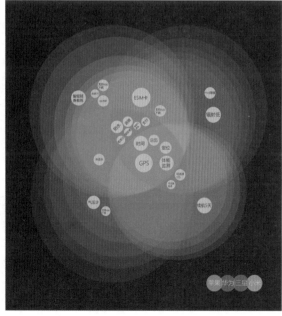

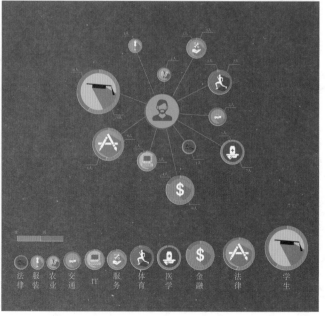

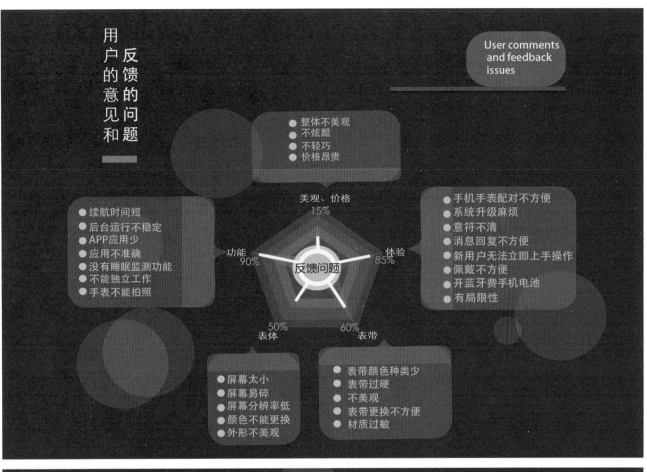

User comments and feedback issues

用户的意见和反馈的问题

整体不美观
不炫酷
不轻巧
价格昂贵

续航时间短
后台运行不稳定
APP应用少
应用不准确
没有睡眠监测功能
不能独立工作
手表不能拍照

手机手表配对不方便
系统升级麻烦
意符不清
消息回复不方便
新用户无法立即上手操作
佩戴不方便
开蓝牙费手机电池
有局限性

美观、价格
15%

功能
90%

体验
85%

反馈问题

表体
50%

表带
60%

屏幕太小
屏幕易碎
屏幕分辨率低
颜色不能更换
外形不美观

表带颜色种类少
表带过硬
不美观
表带更换不方便
材质过敏

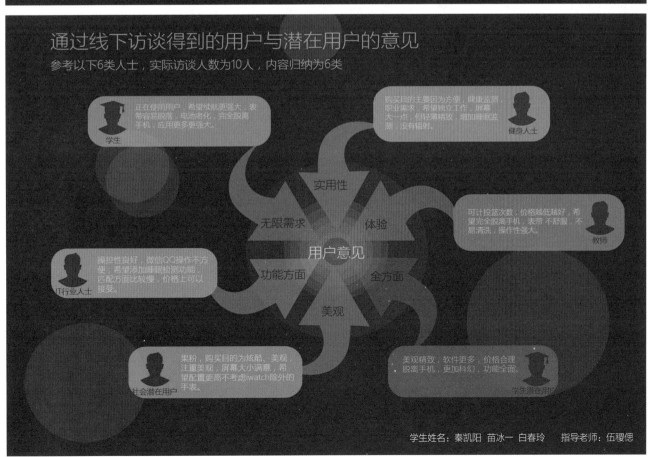

通过线下访谈得到的用户与潜在用户的意见

参考以下6类人士，实际访谈人数为10人，内容归纳为6类

正在使用用户，希望续航更强大，表带容易脱落，电池老化，完全脱离手机，应用更多更强大。
学生

购买目的主要因为方便，健康监测，职业需求，希望独立工作，屏幕大一点，但轻薄精致，增加睡眠监测，没有辐射。
健身人士

实用性

无限需求   体验

可计投篮次数，价格越低越好，希望完全脱离手机，表带不舒服，不易清洗，操作性强大。
教师

用户意见

操控性良好，微信QQ操作不方便，希望添加睡眠检测功能，匹配方面比较慢，价格上可以接受。
IT行业人士

功能方面   全方面

美观

果粉，购买目的为炫酷、美观，注重美观，屏幕大小满意，希望配置更高不考虑iwatch除外的手表。
社会潜在用户

美观精致，软件更多，价格合理，脱离手机，更加科幻，功能全面。
学生潜在用户

学生姓名：秦凯阳 苗冰一 白春玲   指导老师：伍稷偲

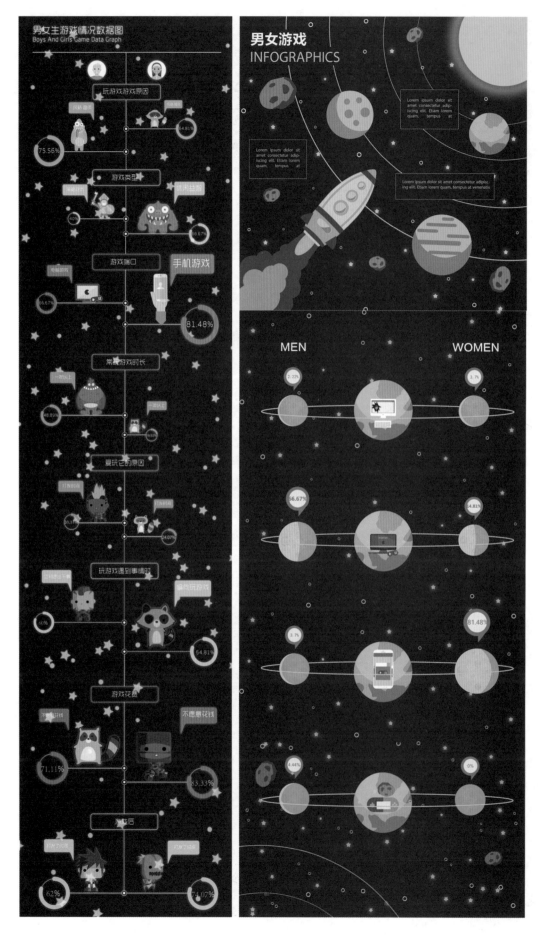

男女玩游戏的原因

BOYS & GIRLS
GAME FREQUENCY

有喜欢的角色
31.11%

Vs

有喜欢的角色
35.19%

画风画质音质
75.56%

画风画质音质
64.81%

周边朋友都在玩
44.44%

周边朋友都在玩
42.59%

其他作品
15.56%

其他作品
7.41%

故事情节
26.67%

故事情节
27.78%

故事情节
26.67%

故事情节
27.78%

GAME TIME

11.11%

HEARDLY

HEARDLY

22.22%

26.67%

OFTEN PLAY

OFTEN PLAY

14.81%

.67%

OCCASIONAL

OCCASIONAL

53.7%

15.56%

EVERYDAY

EVERYDAY

9.26%

学生姓名：陈星 徐建君 孟歆玮 谭紫艺　　　指导老师：伍稷偲

INFORMATION VISUALIZATION

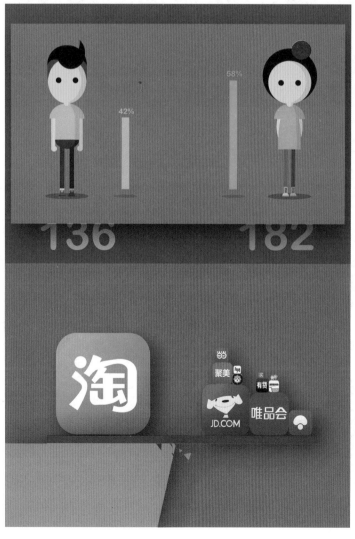

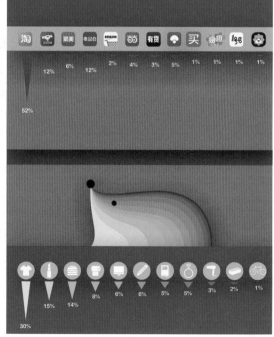

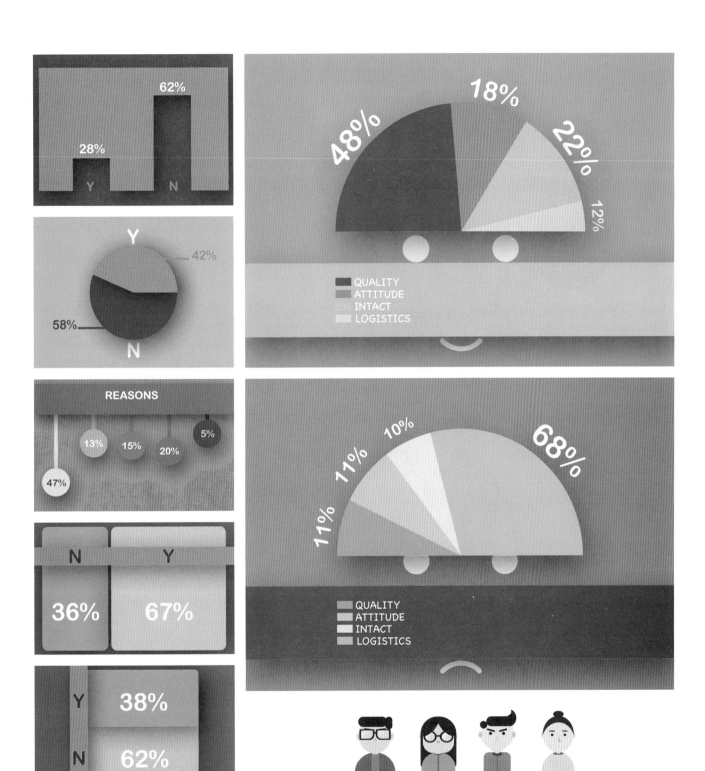

学生姓名：王昊 陈嫣然 陈冲 郭睿珩　指导老师：伍稷偲

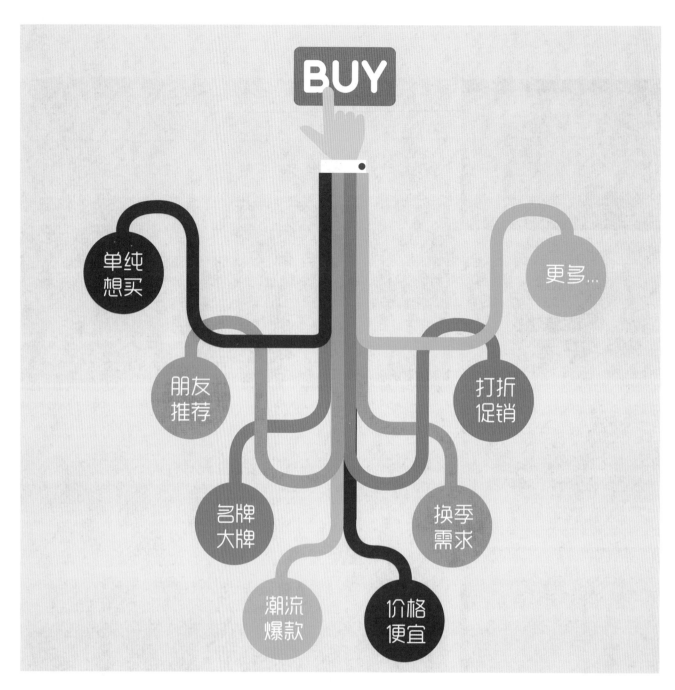

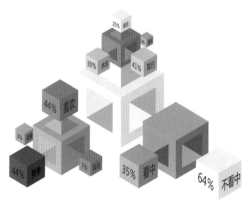

学生姓名：何泽宇　宗子轩　胡莹红　黎七尔　　　指导老师：伍稷偲

07

陶瓷工艺与设计
CERAMIC PROCESS AND DESIGN

学生姓名：郭睿珩　　指导老师：伍稷偲

学生姓名：蒙若嫣　　指导老师：伍稷偲

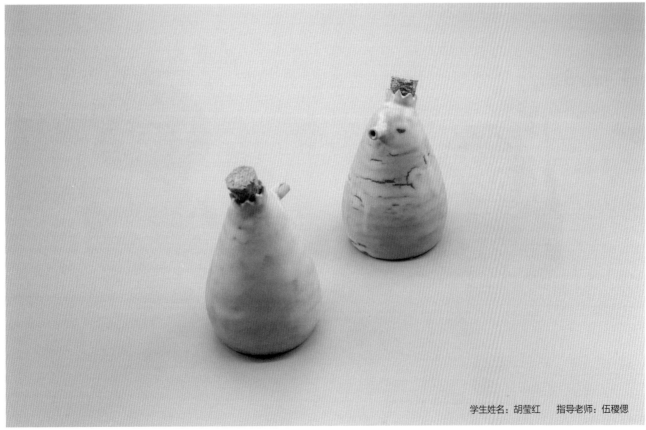

学生姓名：胡莹红　　指导老师：伍稷偲

学生姓名：陈星　　指导老师：伍稷偲

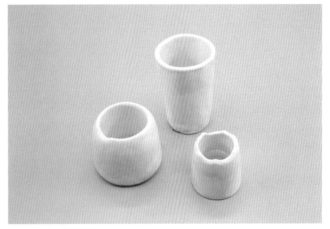

学生姓名：吕雅兰　　指导老师：伍稷偲

学生姓名：王昊　　指导老师：伍稷偲

学生姓名：来浩然　　指导老师：伍稷偲

学生姓名：宗子轩　　指导老师：伍稷偲

学生姓名：魏欣　　指导老师：伍稷偲

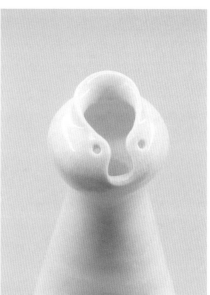

学生姓名：陈嫣然　　指导老师：伍稷偲

学生姓名：谭紫艺　　指导老师：伍稷偲

学生姓名：贺佳琦　　指导老师：伍稷偲

学生姓名：冯亚茹　　指导老师：伍稷偲

学生姓名：陈明珠　　指导老师：伍稷偲

学生姓名：宗子轩　　指导老师：伍稷偲

学生姓名：刘纯汐　　指导老师：伍稷偲

学生姓名：汤绘晔　　指导老师：伍稷偲

学生姓名：王钏　　指导老师：伍稷偲

08

包装设计
PACKAGING DESIGN

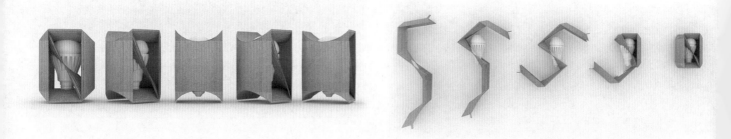

学生姓名：汪丹辉　　指导老师：伍稷偲

学生姓名：李素雅　　指导老师：伍稷偲

学生姓名：刘倩　　指导老师：伍稷偲

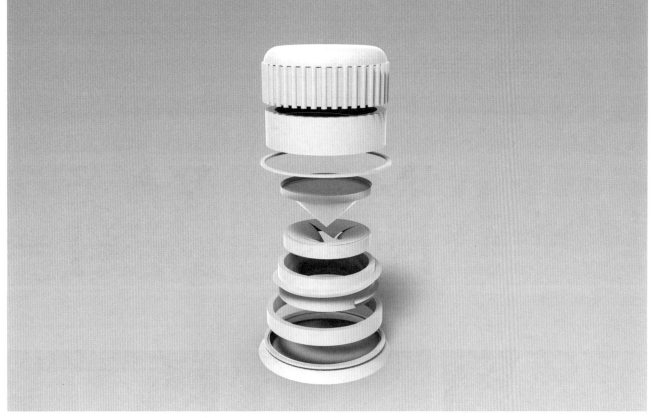

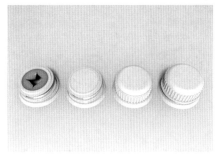

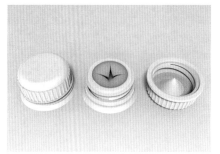

学生姓名：赵博　　指导老师：伍稷偲

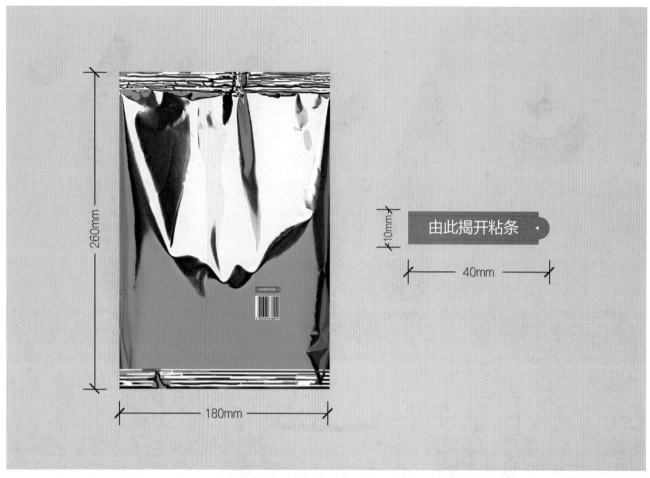

由此揭开粘条

学生姓名：李美霞　　指导老师：伍稷偲

学生姓名：王悦　　指导老师：伍稷偲

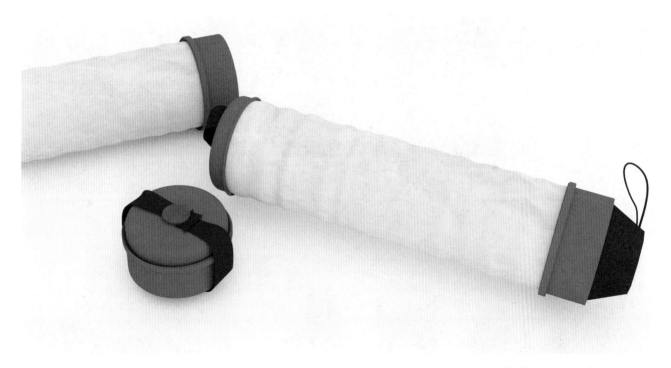

学生姓名：宋春霞　　指导老师：伍稷偲

学生姓名：陈明珠　　　指导老师：伍稷偲

09

木质产品工艺
WOOD PRODUCT TECHNOLOGY

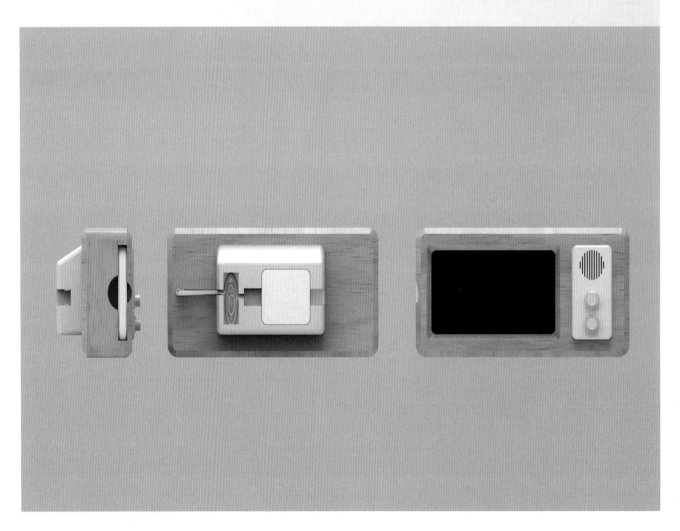

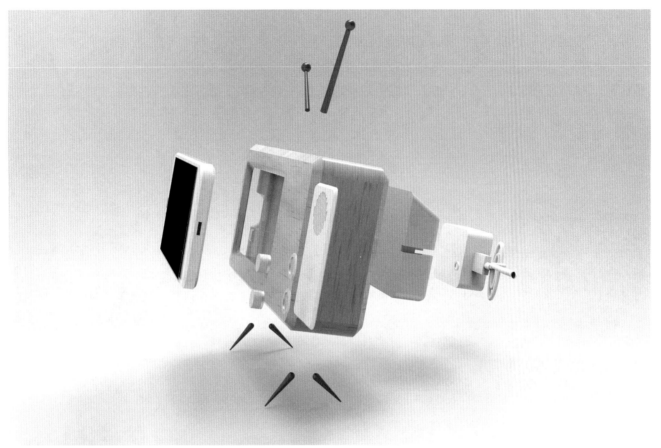

学生姓名：陈明珠　　指导老师：江渝

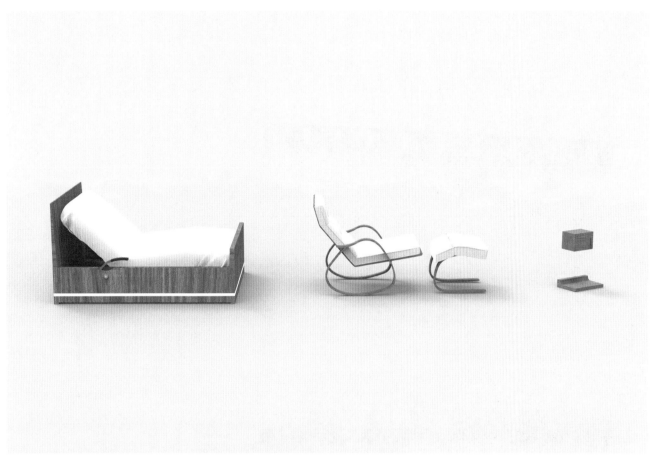

学生姓名：陈明珠 王悦　　指导老师：范寅寅

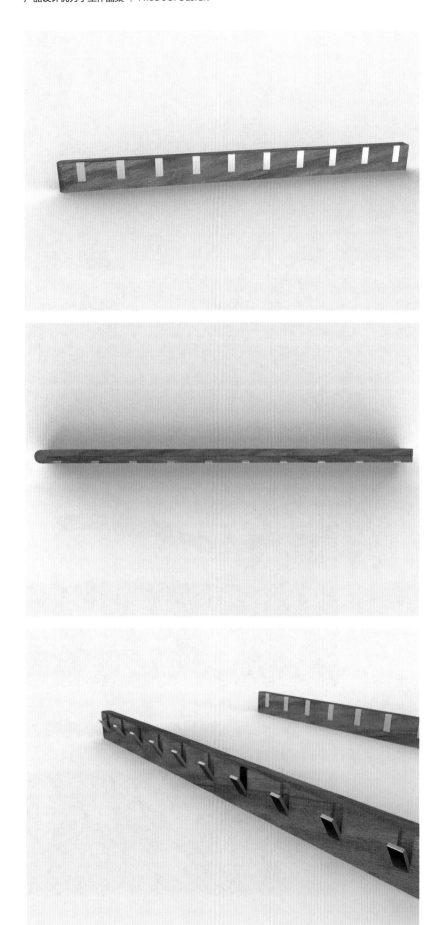

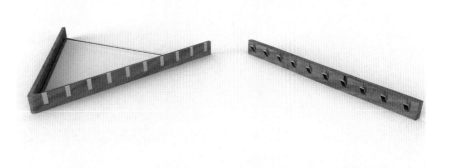

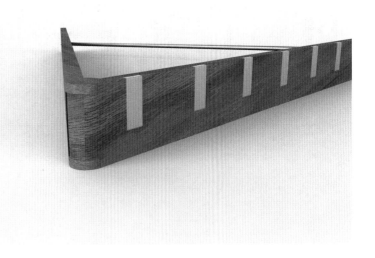

学生姓名：姬忠良　　指导老师：江渝

学生姓名：李美霞 李素雅 汪丹辉　指导老师：范寅寅

学生姓名：李素雅　　指导老师：江渝

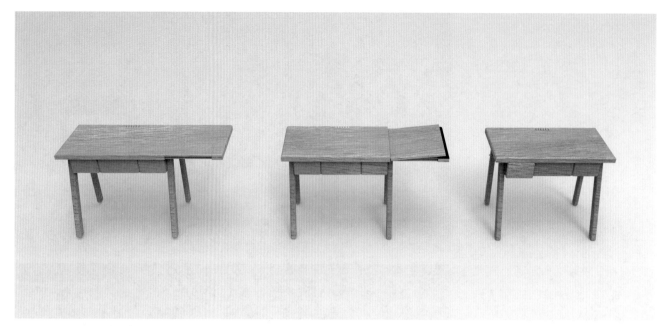

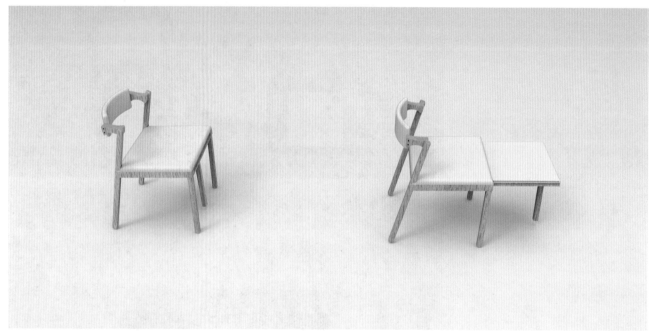

学生姓名：王玮玥 刘倩　　指导老师：范寅寅

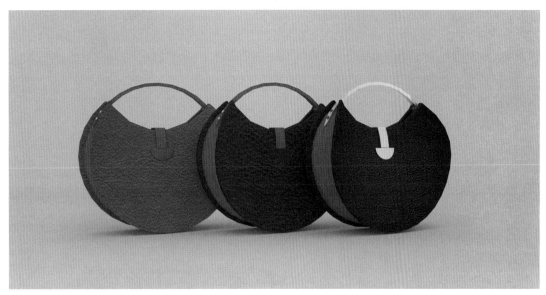

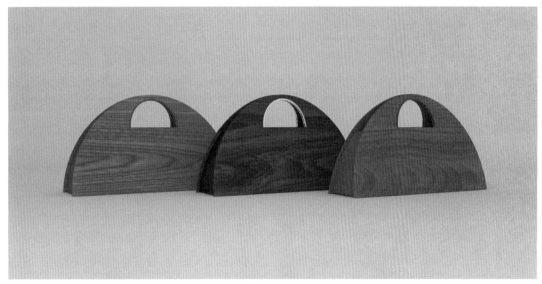

学生姓名：汪丹辉　　指导老师：江渝

学生姓名：陈明明 彭秋 ｜ 指导老师：范寅寅

10

照明产品设计
LIGHTING PRODUCT DESIGN

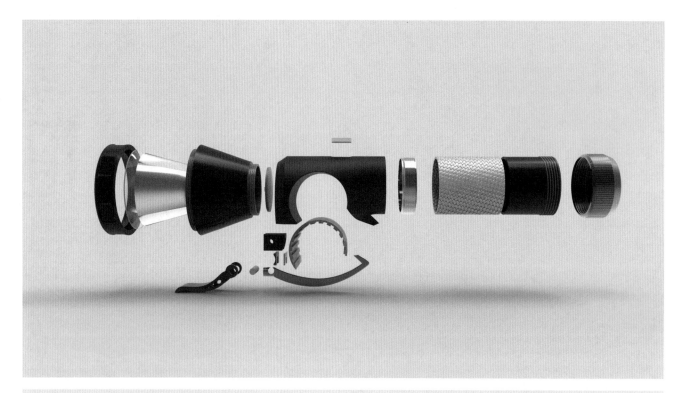

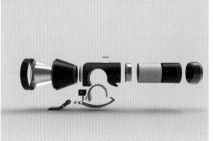

学生姓名：白洪斌 高尚珂 罗肖佳依　　指导老师：蒋鹏

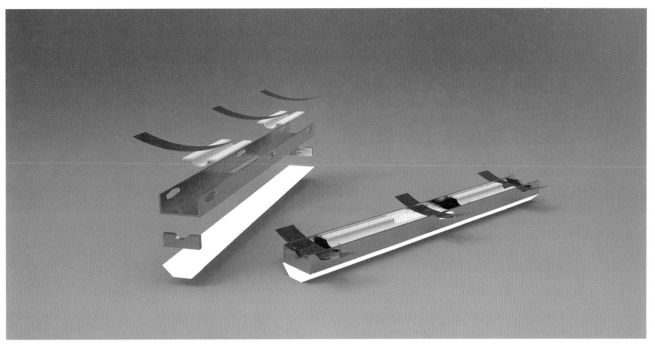

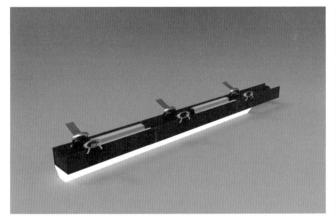
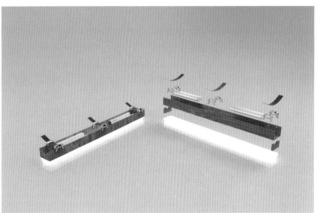

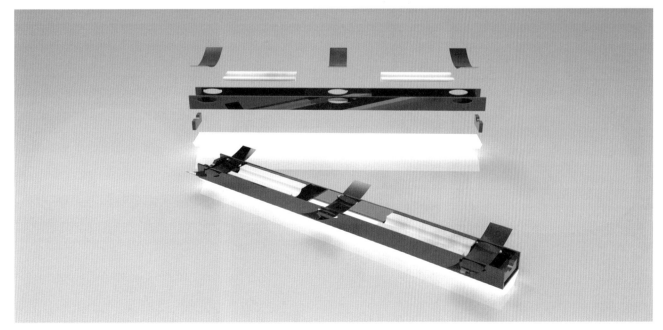

学生姓名：秦凯阳 董美辰 辛晓庆　　指导老师：蒋鹏

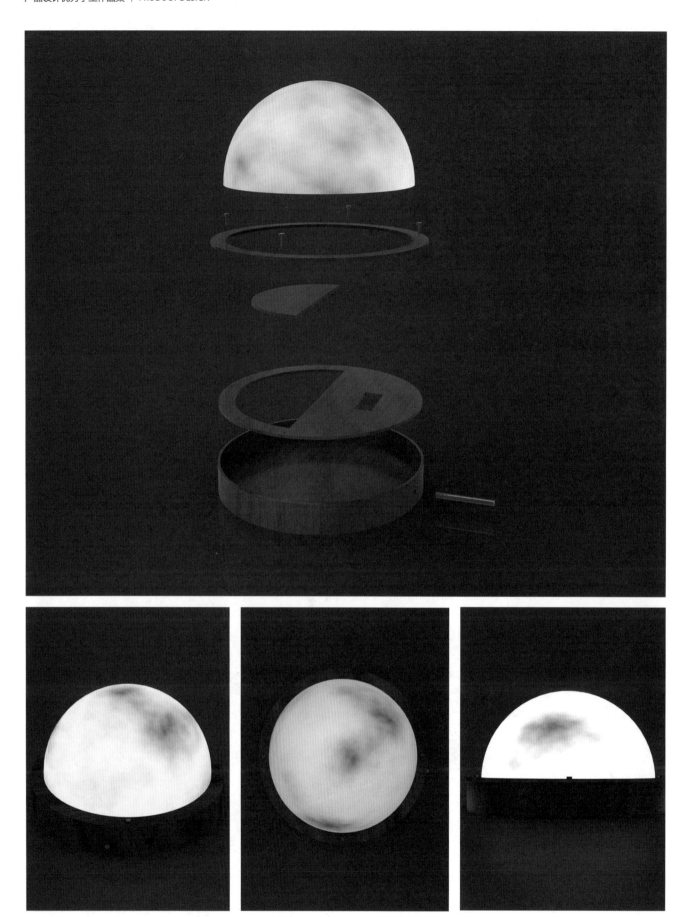

学生姓名：沈云凡 余汶俐 陈文静　指导老师：蒋鹏

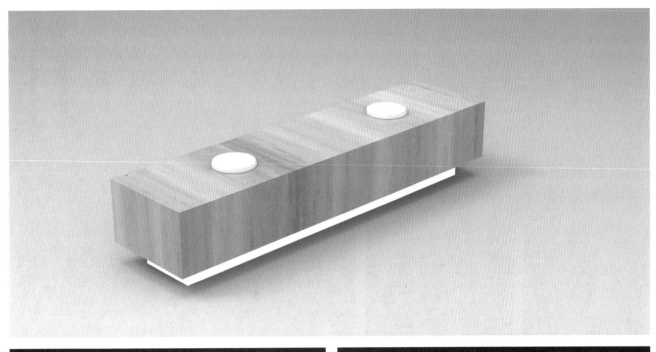

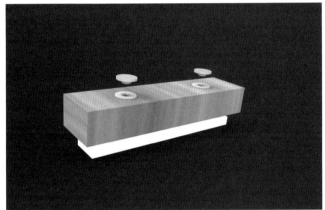

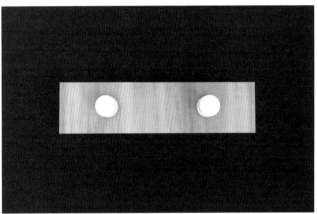

学生姓名：覃杰东 苗冰一 陈艺苗　　指导老师：伍稷偲

学生姓名：汪如琪 马晓杨 姚汶臻 李牧耘　　指导老师：伍稷偲

学生姓名：吴坤略 白春玲 杨玉萌 高祎珊　　指导老师：伍稷偲

学生姓名：张兴辉 赵心如 赖丽萍　　指导老师：伍稷偲

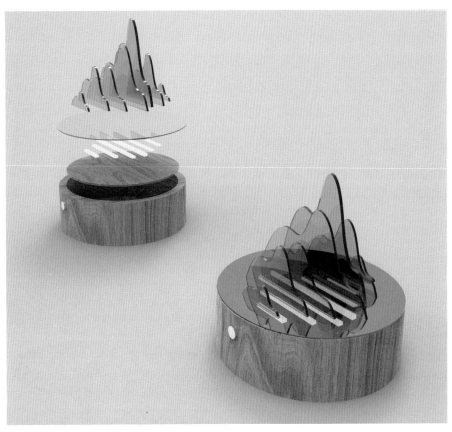

学生姓名：张殷辉 王成敏　　指导老师：伍稷偲

学生姓名：何兵 谭廷花 陈小雨　　指导老师：伍稷偲

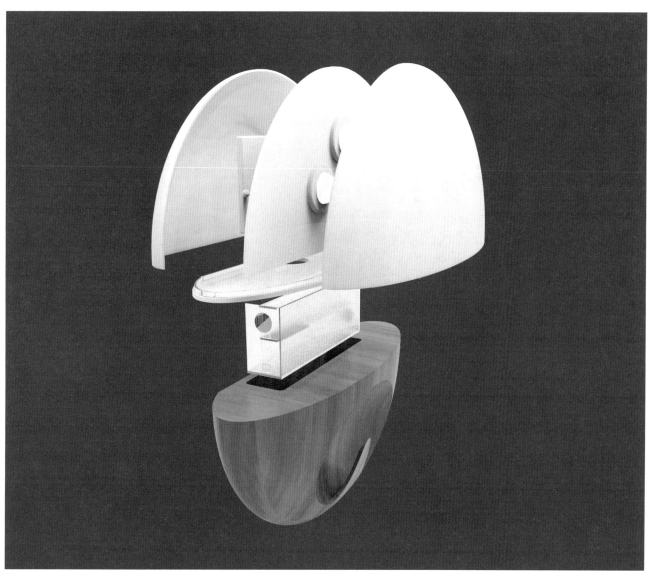

 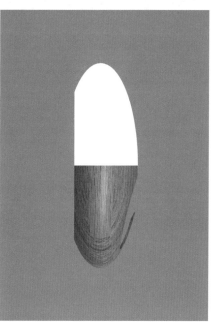 

学生姓名：冯亚茹　　指导老师：伍稷偲

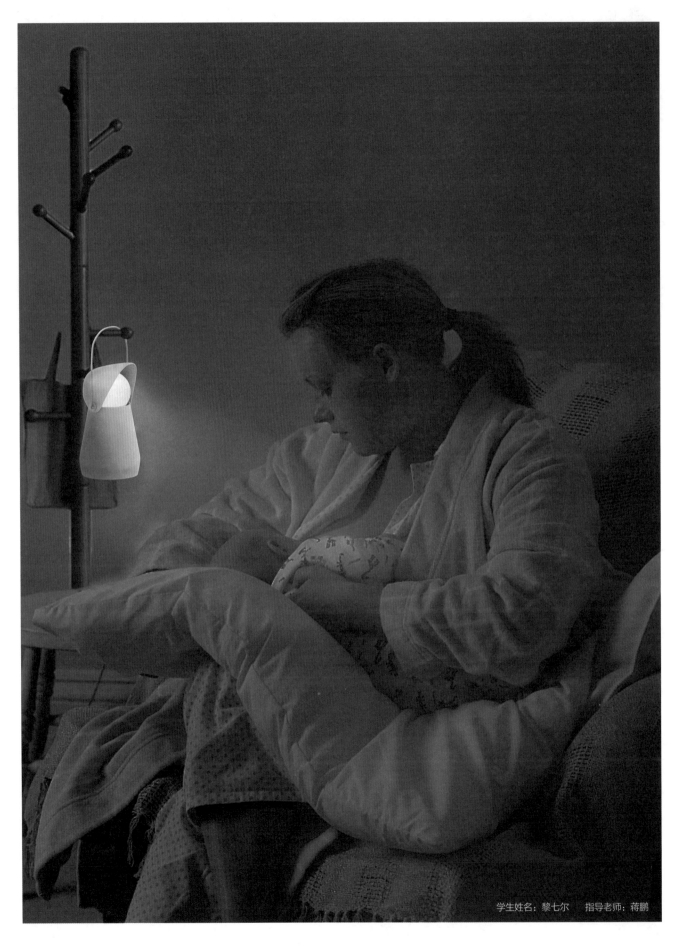

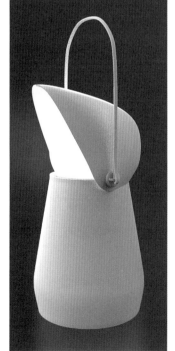

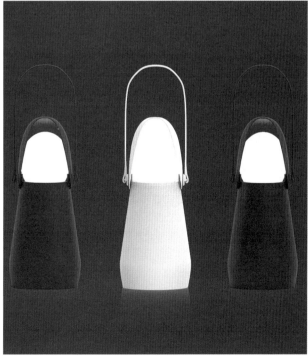

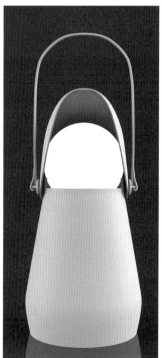

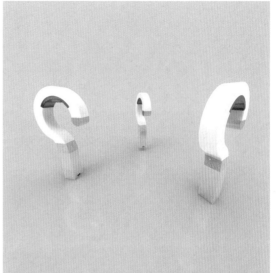

学生姓名：陈嫣然　　指导老师：伍稷偲

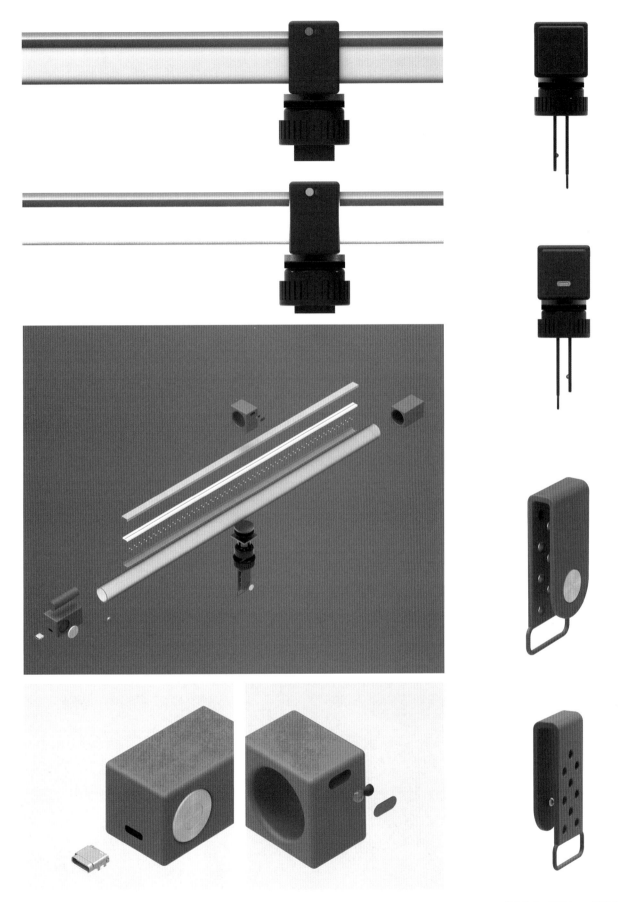

学生姓名：何泽宇　　指导老师：伍稷偲

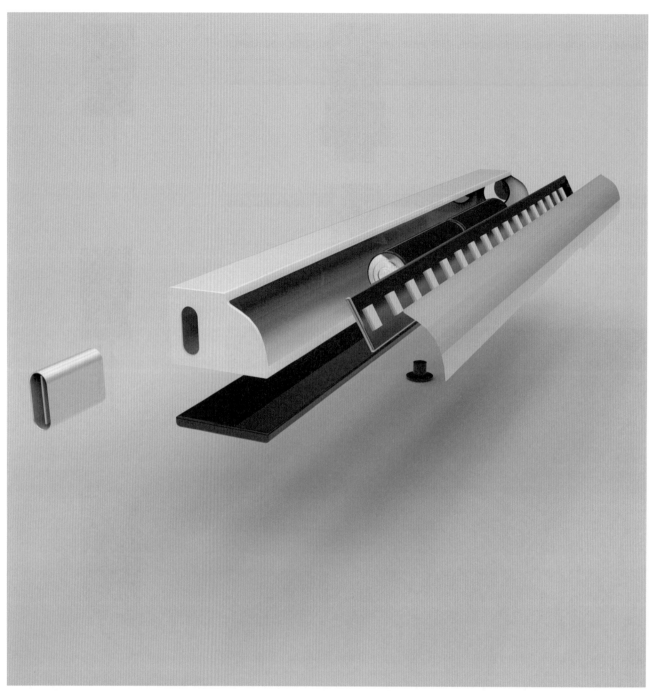

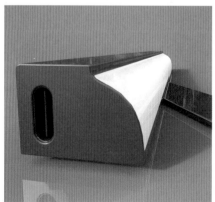

学生姓名：陈冲　　指导老师：伍稷偲

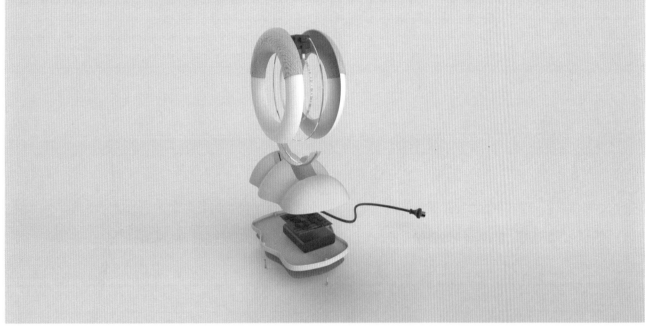

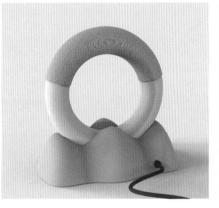

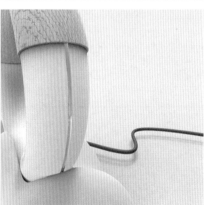

学生姓名：吕雅兰　　指导老师：伍稷偲

学生姓名：谭璐瑶　　指导老师：伍稷偲

学生姓名：王钊　　指导老师：蒋鹏

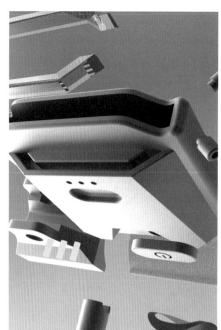

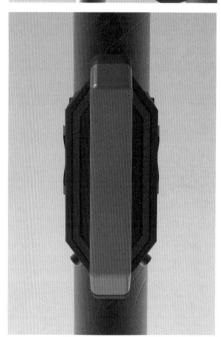
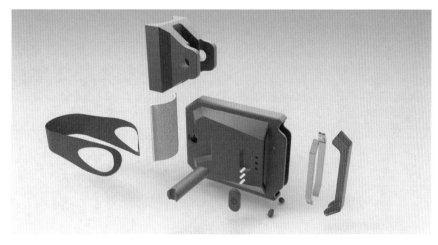

学生姓名：来浩然　　指导老师：蒋鹏

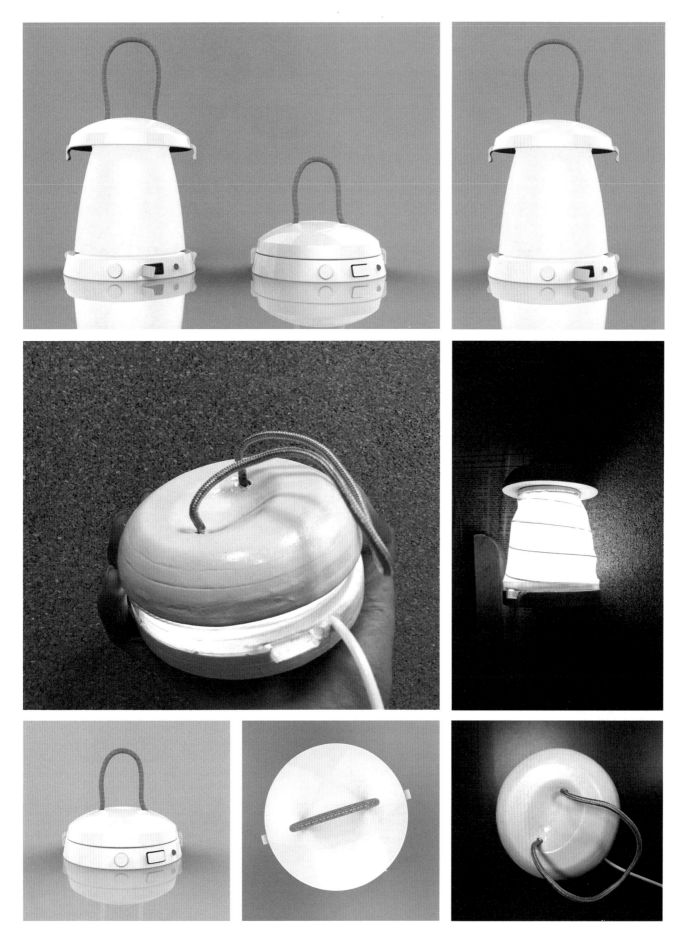

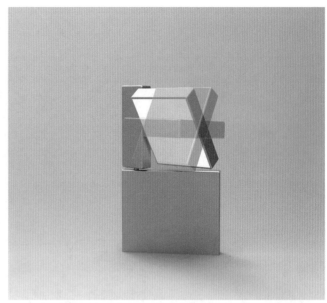

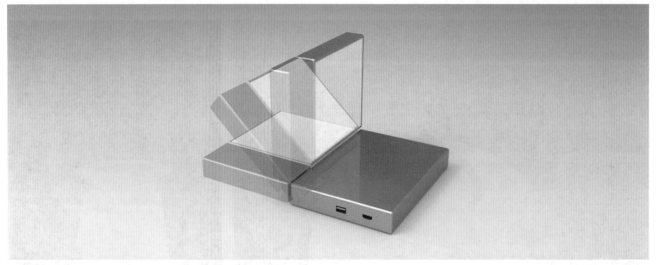

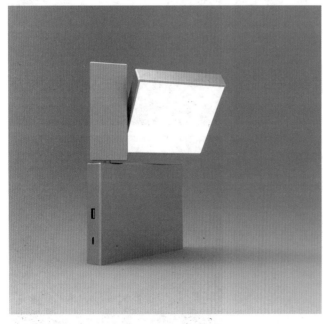

学生姓名：王昊　　指导老师：伍稷偲

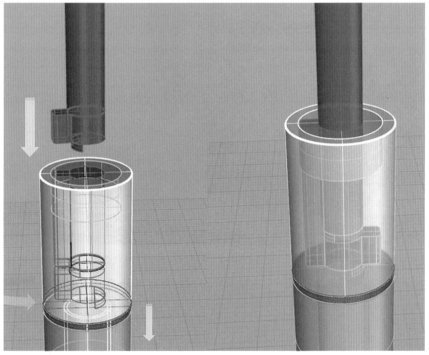

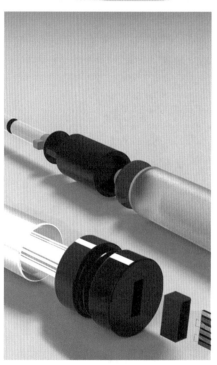

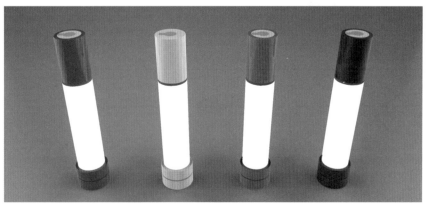

学生姓名：杨潇　　指导老师：伍稷偲

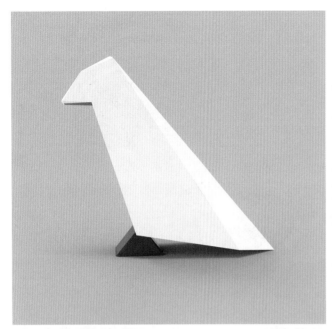

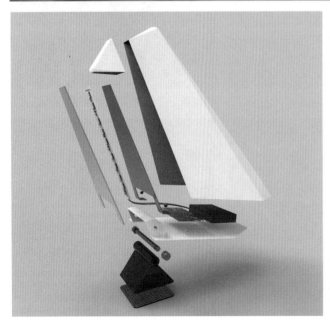
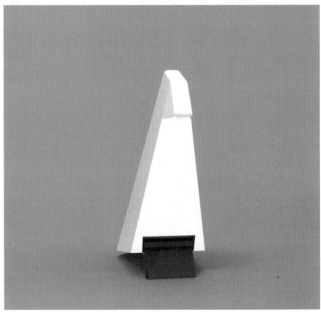

学生姓名：谭紫艺　　指导老师：蒋鹏

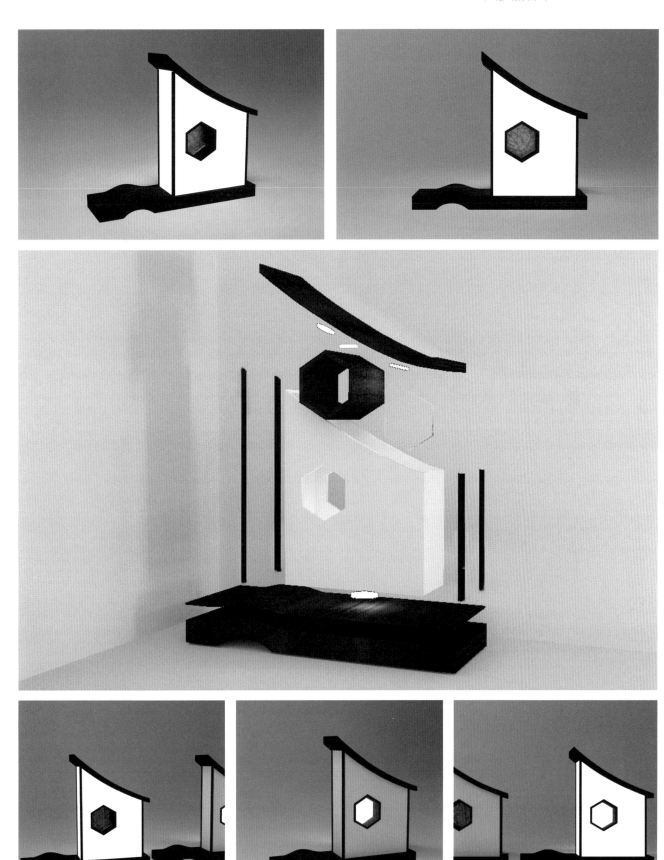

学生姓名：王黎　　指导老师：伍稷偲

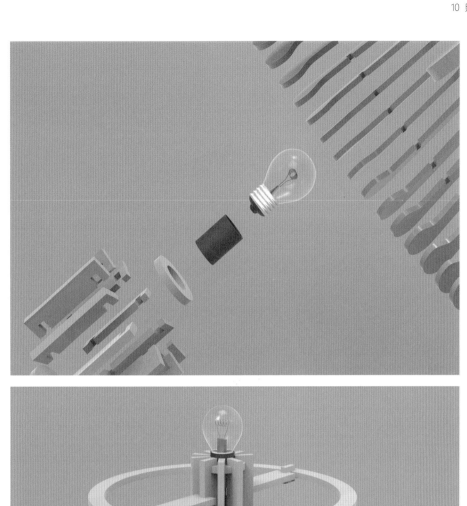

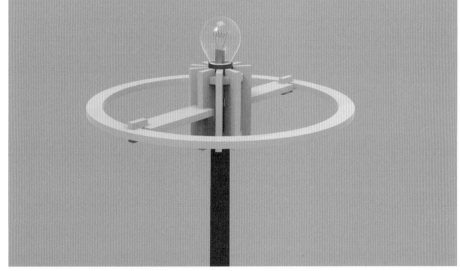

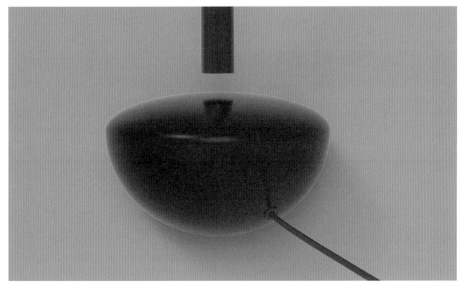

学生姓名：陈明珠　　指导老师：蒋鹏

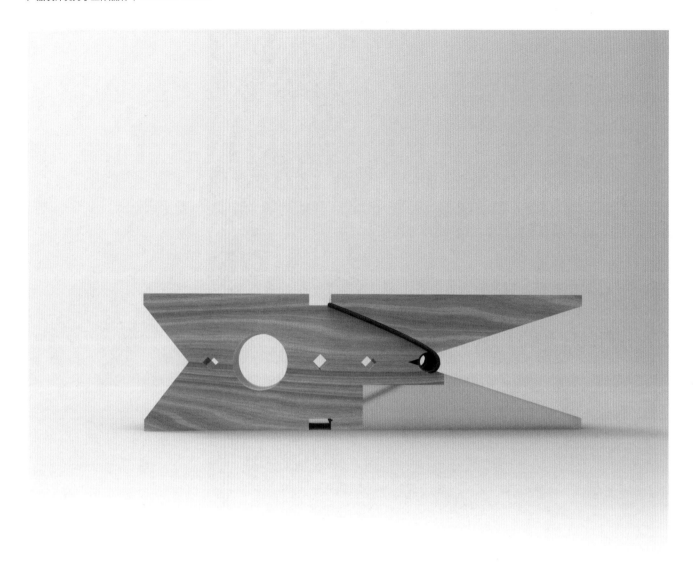

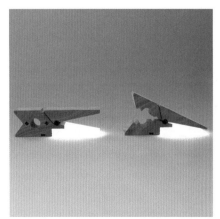

学生姓名：黄秉津　　指导老师：伍稷偲

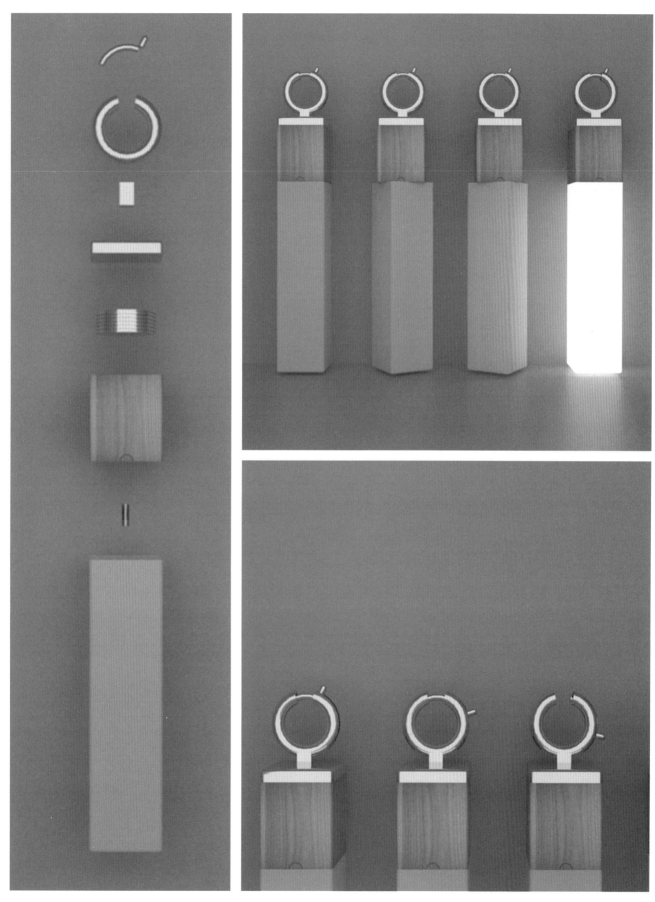

学生姓名：王悦　　指导老师：伍稷偲

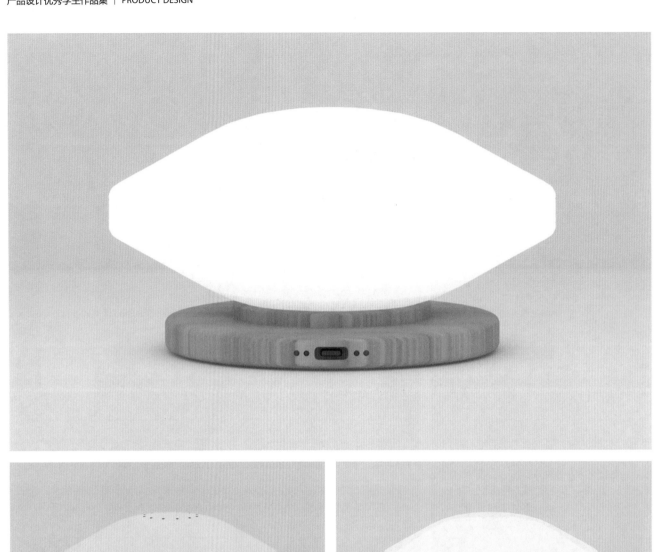

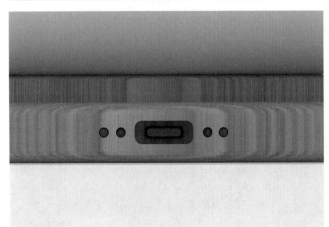

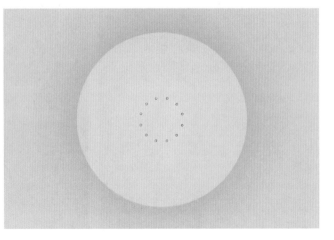

学生姓名：李美霞　　指导老师：伍稷偲

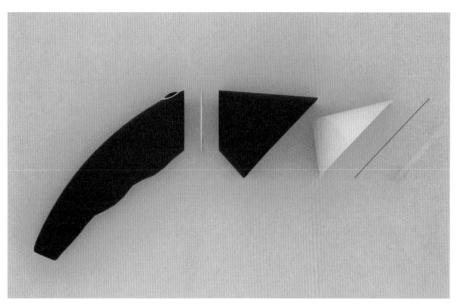

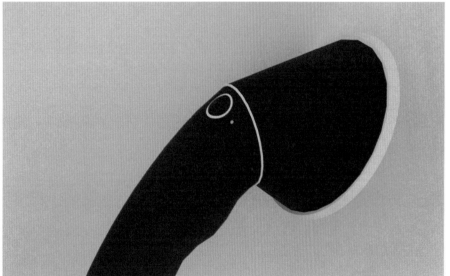

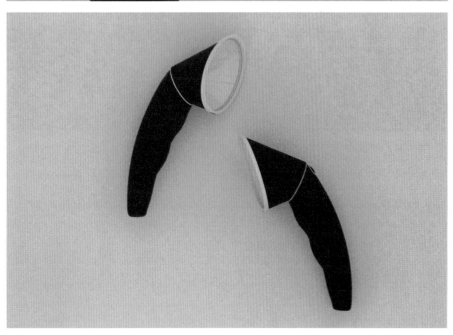

学生姓名：李素雅　　指导老师：伍稷偲

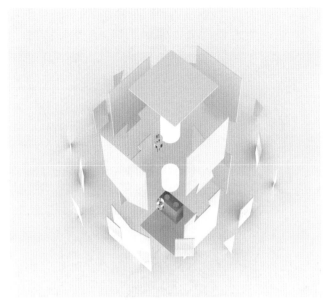
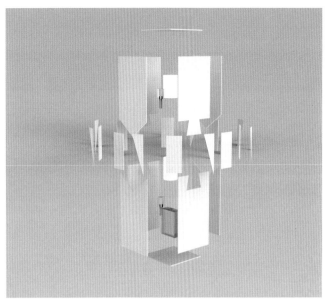
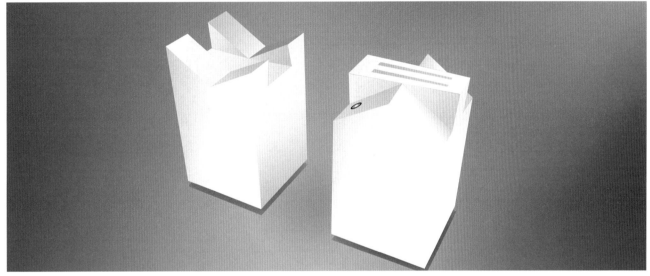
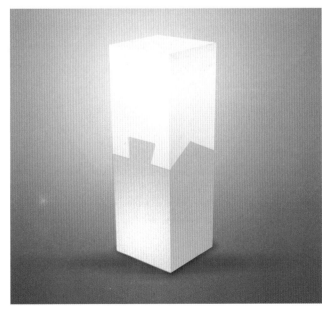
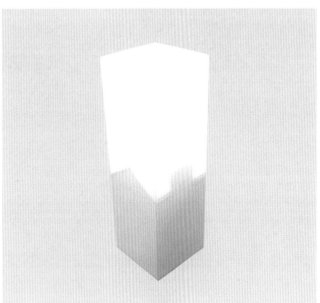

学生姓名：王新宇　　　指导老师：伍稷偲

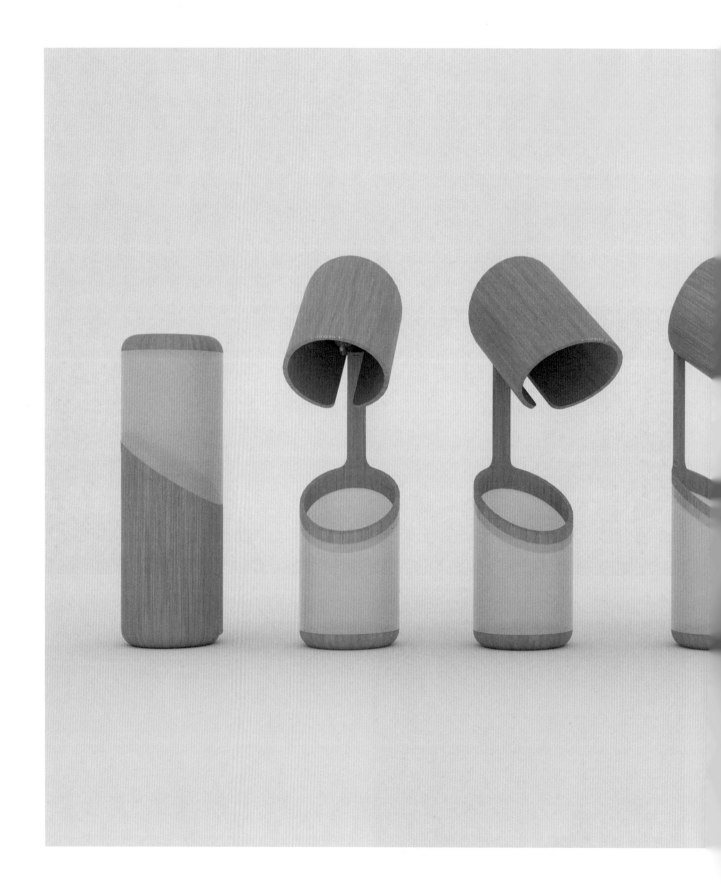

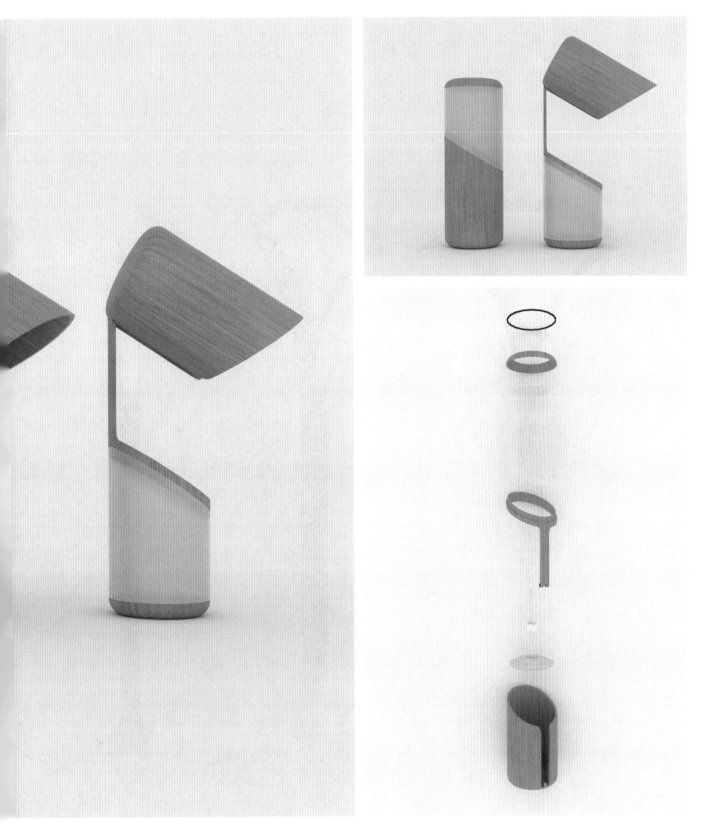

学生姓名：汪丹辉　　指导老师：伍稷偲

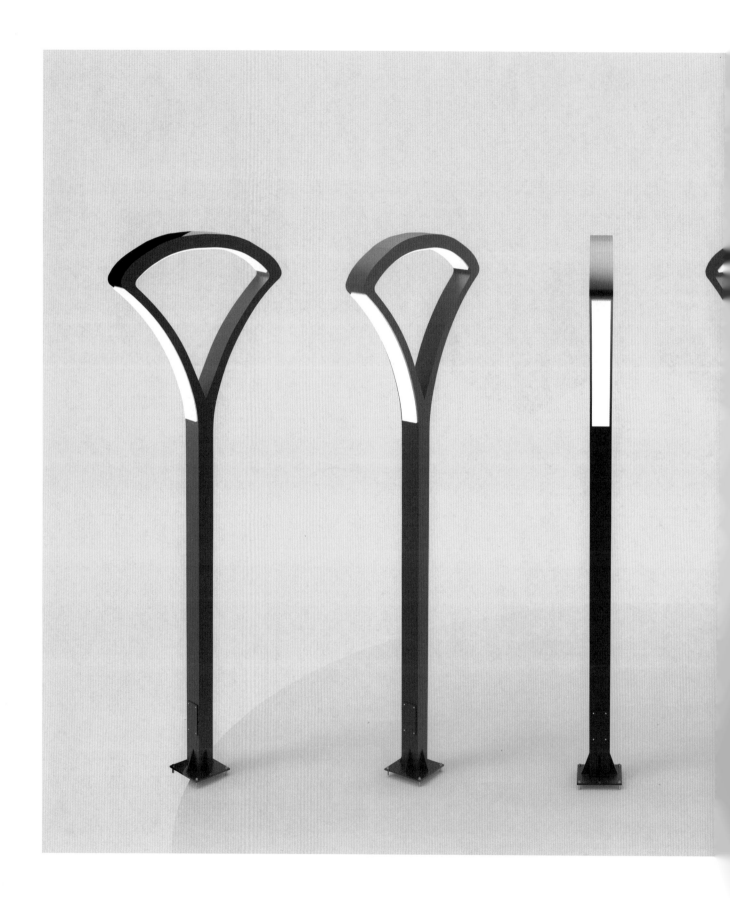

学生姓名：姬忠良　　指导老师：伍稷偲

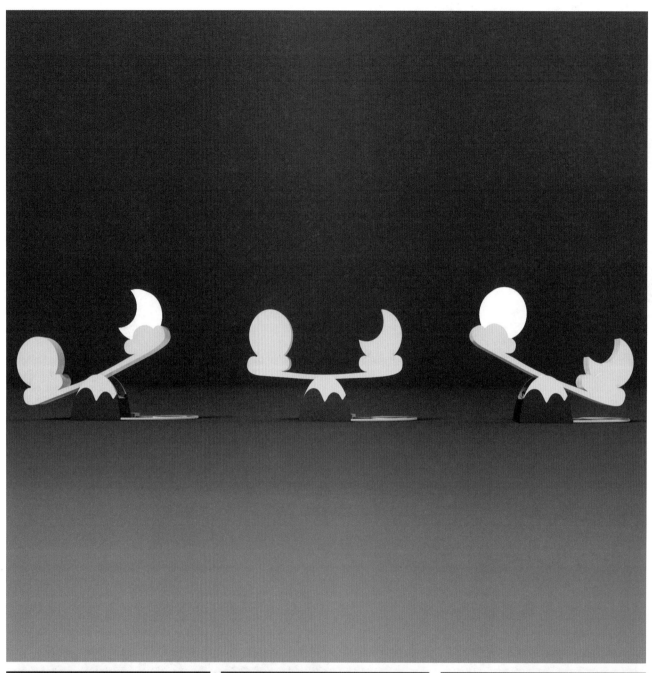

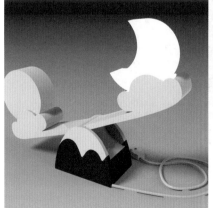

学生姓名：刘纯汐　　指导老师：伍稷偲

11

数字化产品
DIGITAL PRODUCT

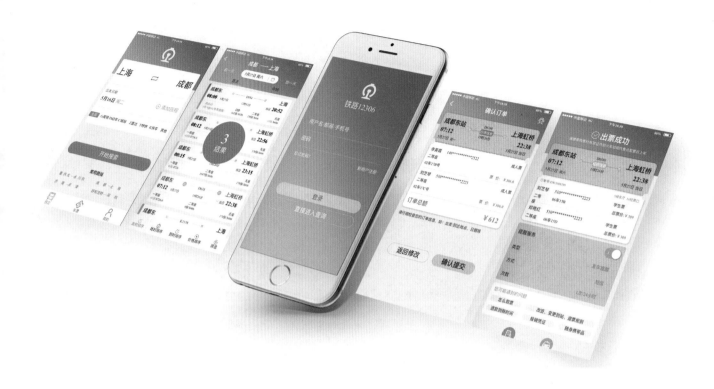

01　颜色规范
colors

主色

| #64C1F9 | #5EB0F2 | #3F54CB | #FFCC33 |

辅色

| #00CC00 | #fff6633 | #CCCCCC | #EEF0F3 |

02　图标规范
icon

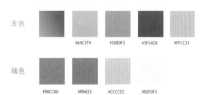

顶部

底部　59PX　　24PX

45PX

我的

功能　24PX

其他

03　字体规范
typeface

苹方粗体	40px	#697a52
苹方粗体	36px	#697a52
苹方	30px	#697a52
苹方	28px	#697a52
苹方	26px	#697a52
苹方	24px	#697a52
苹方	20px	#697a52

04　控件规范
control

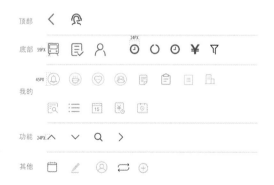

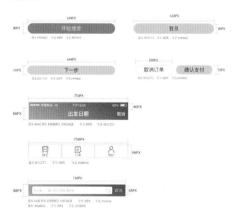

车次查询

订票中心

个人中心

学生姓名：李美霞 宋春霞 郑艳红 刘芝琴　指导老师：伍稷偲 蒋鹏

车次查询

订票中心

个人中心

学生姓名：李素雅　王黎　唐剑英　王加冕　刘纯汐
指导老师：伍稷偲　蒋鹏

学生姓名：王悦 赵博 陈明珠 姬忠良
指导老师：伍稷偲 蒋鹏

订单交互关系图

我的12306交互关系图

查询交互关系图

学生姓名：王悦 赵博 陈明珠 姬忠良
指导老师：伍稷偲 蒋鹏

12

学生成果

STUDENT ACHIEVEMENT

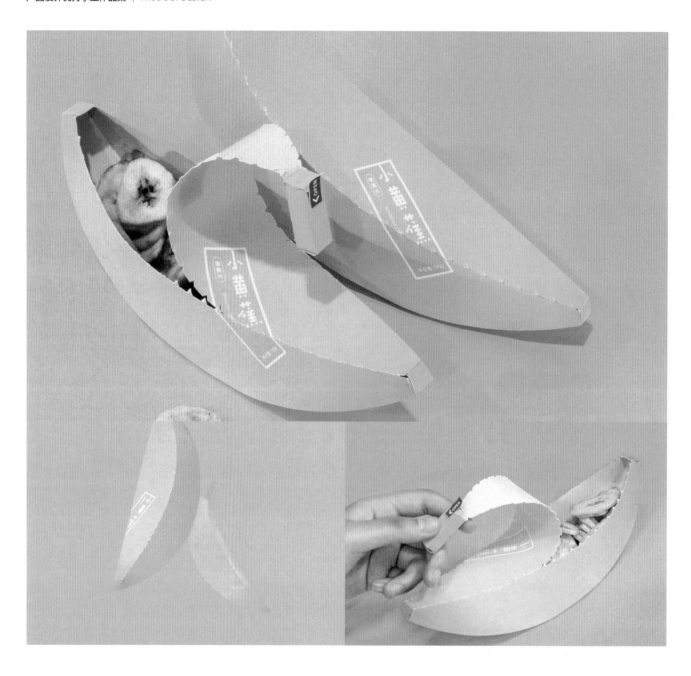

2016 "世界学生之星" 包装设计大赛

作品名称：Xiaohuangjiao Banana Crisps

所获奖项：入围奖

参赛学生：黄秉津 李素雅 汪丹辉 张琛瑄

2016 "太阳神鸟杯" 天府·宝岛
工业设计大赛包装设计大赛

作品名称：校园礼品不倒翁设计

所获奖项：未来之星

参赛学生：谭紫艺 陈明珠

CYCLE
Give the fish a clean house

BEARING
Starting from the ocean of life

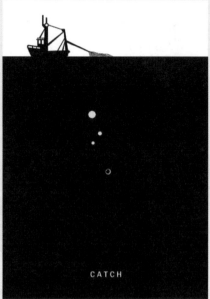

CATCH

FISH OFF

THE PORTER OF NATURE

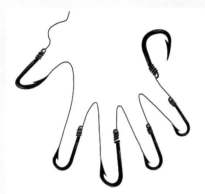

MURDER

"CARE"

THAT'S NOT ITS
HORN

EVIL

第五届海洋文化创意设计大赛

作品名称：循环
所获奖项：优秀奖
参赛学生：黎七尔

作品名称：承载
所获奖项：入围奖
参赛学生：黎七尔

作品名称：捕捞
所获奖项：优秀奖
参赛学生：王新宇

作品名称：MURDER
所获奖项：优秀奖
参赛学生：王悦

作品名称：CARE
所获奖项：优秀奖
参赛学生：汪丹辉

作品名称：FISH OFF
所获奖项：优秀奖
参赛学生：陈明珠

作品名称：揭开石油
所获奖项：优秀奖
参赛学生：李美霞

作品名称：大自然的搬运工
所获奖项：优秀奖
参赛学生：来浩然

作品名称：这不是它的角
所获奖项：优秀奖
参赛学生：陈冲

作品名称：EVIL
所获奖项：优秀奖
参赛学生：赵博

153